数控车宏程序编程实例精讲

第 2 版

沈春根　邢美峰　刘　义　主　编

机械工业出版社

本书全部采用实例形式，针对数控车削中的常见型面，包括外圆、端面、割槽、切断、螺纹、非圆曲线型面、普通螺纹和复杂螺纹等数控加工问题，进行宏程序编程的详细讲解，内容编排时注重工艺和编程相结合、编程思路和操作步骤相结合、变量选择和算法设计相结合，循序渐进，由浅入深，通过大量实例引导初学者逐步提高宏程序的编程技能和水平。

　　本书实例基本上覆盖了车削中常见的加工型面，实例程序中的语句都有详细的注释和总结提示，所有实例均通过 FANUC 数控系统仿真和实际运行。

　　本书可以作为数控技术进阶培训教材、数控编程操作和自学用书，也可用作高职高专院校数控技术课程的实践教材。

图书在版编目（CIP）数据

数控车宏程序编程实例精讲/沈春根，邢美峰，刘义主编. —2 版.
—北京：机械工业出版社，2017.9（2024.11 重印）
ISBN　978-7-111-57861-1

Ⅰ．①数⋯　Ⅱ．①沈⋯　②邢⋯　③刘⋯　Ⅲ．①数控机床－车床－车削
－程序设计　Ⅳ．①TG519.1

中国版本图书馆 CIP 数据核字（2017）第 210793 号

机械工业出版社（北京市百万庄大街22号　邮政编码100037）
策划编辑：周国萍　　责任编辑：周国萍　贺　怡
责任校对：孙丽萍　　封面设计：马精明
责任印制：张　博

北京雁林吉兆印刷有限公司印刷

2024 年 11 月第 2 版第 7 次印刷
169mm×239mm・16 印张・301 千字
标准书号：ISBN 978-7-111-57861-1
定价：59.00 元

电话服务　　　　　　　　　　网络服务
客服电话：010-88361066　　　机　工　官　网：www.cmpbook.com
　　　　　010-88379833　　　机　工　官　博：weibo.com/cmp1952
　　　　　010-68326294　　　金　书　网：www.golden-book.com
封底无防伪标均为盗版　　　　机工教育服务网：www.cmpedu.com

第 2 版前言

《数控车宏程序编程实例精讲》（以下简称第 1 版）自 2011 年出版以来经过了 6 次印刷，收到了大量读者的来信、肯定和建议，已经被多所高职院校选为数控大赛培训教材。作者认为，和同类书籍相比，拙书因为在宏程序学习方法以及编排体系上具有独到之处和显著的引导效果，才得到了读者的认可和鼓励。经过了 5 年多的时间，作者宏程序编程实践以及数控加工编程教材编写的水平均有所提高，应读者的要求，也为了把最新宏程序编程经验分享给更多的读者，在出版社的大力支持下决定对第 1 版进行修订再版。本书和第 1 版相比，内容上的主要改进之处如下：

1）增加了宏程序编程的基础知识，介绍了变量的定义和选择方法、算法的类型和算法设计原则等基础内容。

2）将所有实例进行了替换，摒弃了偏僻和冷门的实例，增加了典型性和实践性更强的生产一线实例。

3）进一步凝练了宏程序编程的思路和方法，特别是加强了变量选择和算法设计的分析，有助于对宏程序编程入门的学习和训练。

本书主要内容

第 1 章介绍了宏程序编程的基础知识，主要包括：变量与常量的定义，控制流向语句，算法及其选择原则，变量设置和选择方法，流程图及其编程基本步骤，分析了一个简单的宏程序编程实例，引出了后续由浅入深的宏程序实例精讲。

第 2 章介绍了宏程序在简单型面车削中的应用，主要包括：粗车端面、粗车单外圆、精车单外圆、车削钻孔、外圆切断，以及外圆单个和多个沉槽加工宏程序编程。

第 3 章介绍了宏程序在普通螺纹车削中的应用，主要包括：单线/双线外螺纹加工宏程序编程，大螺距螺纹和内螺纹车削加工宏程序编程。

第 4 章介绍了宏程序在锥度型面车削中的应用，主要包括：45°倒角、外圆锥面车削宏程序编程，外圆 V 形槽车削加工宏程序编程，内孔锥面以及外圆锥度螺纹加工宏程序编程。

第 5 章介绍了宏程序在圆弧型面车削中的应用，主要包括：倒圆角加工宏程序编程，凹、凸圆弧车削宏程序编程，以及内孔圆弧加工宏程序编程。

第 6 章介绍了宏程序在方程型面（非圆弧型面）车削中的应用，主要包括：凸、凹椭圆车削宏程序编程，内孔椭圆车削宏程序编程，正弦曲线型面车削宏程序编程，以及较完整椭圆型面轮廓加工宏程序编程。

第7章介绍了宏程序在高级螺纹车削中的应用，主要包括：外圆梯形螺纹车削宏程序编程，圆弧牙型螺纹车削宏程序编程，等槽宽等齿宽变距螺纹加工宏程序编程，变槽宽变齿宽变距螺纹加工宏程序编程，圆弧外圆螺纹宏程序编程，以及椭圆弧面螺纹加工宏程序编程。

本书编排特点

注重加工工艺和数控编程相结合、编程思路和操作过程相结合、变量设置和算法设计相结合，实例内容基本上覆盖了车削中常见的加工型面，实例中的程序语句均有注释和总结。

本书适合读者

本书可以作为数控技术进阶培训教材、数控编程操作和自学用书，也可用于高职高专院校数控技术课程的实践教材。

本书学习方法建议

学习数控 CNC 编程基本知识→上机实践→学习宏程序基本概念→对照本书实例进行学习和模仿→程序仿真和验证→上机实践→加工实物→总结

本书编写人员

本书由沈春根、邢美峰和刘义主编，田良、刘达平、严邦东、许洪龙、邹晔、范燕萍、王春艳、徐雪、卜文卓、史建军、陈建、汪健、周丽萍、黄冬英、徐晓翔、袁进、王潇、张天遥、李伟家、姚炀、许玉方、沈卓凡和李海东参与了部分编写和校对工作，全书由沈春根统稿。本书在编写过程中借鉴了国内外同行有关宏程序编程技术的研究成果，在此一并表示感谢。

本书得到了"高档数控机床与基础制造装备"科技重大专项子课题（课题号2013ZX04009031-9）和 2013 年度"江苏省博士后科研资助计划"第二批项目课题的资助。

由于作者水平有限，加之时间仓促，书中不足和错误之处恳请读者斧正，并希望提出宝贵建议，以便于一起提高数控加工编程技术水平，更欢迎来信进行交流和探讨（作者电子邮箱：chungens@163.com 和 liuyicslg@126.com）。

编　者

第1版前言

随着数控技术在制造业的快速发展和新产品的不断涌现，对从事或即将从事数控编程的专业人才提出了更高的要求，不仅要掌握数控机床操作和基本的手工编程技能，还须具备如下的能力：能够解决复杂型面零件或者超精密零件的数控加工问题；能够充分发挥数控系统的编程潜力以及使数控设备发挥出最大效益，这就要求专业人员具有良好的编程素养。

掌握宏程序编程和自动编程（计算机辅助编程）技术是步入高级编程员序列的必备条件，而对于初学者来说，学习宏程序和其他高级语言一样比较抽象，需要通过大量的案例学习和实践操作后才能掌握其精髓，因此，本书以数控车削中常见型面的加工为背景，一开始以最简单的单型面作为加工对象，详解宏程序编程思路和操作步骤，循序渐进，加工对象的编程难度逐渐加大，最终引导初学者能够运用宏程序编程解决非圆型面、梯形螺纹和变距螺纹等较为复杂工件数控车削中的编程问题。

本书主要内容

第1章介绍了宏程序在简单型面车削中的应用，主要包括单外圆粗、精车削宏编程，二、三、四外圆车削宏程序编程，单沉槽、多沉槽加工宏程序编程，切断宏程序编程，端面车削宏程序编程和钻孔、镗孔宏程序编程。

第2章介绍了宏程序在锥度型面车削中的应用，主要包括外圆锥面车削宏程序编程，内孔锥面宏程序编程和含内锥孔综合加工宏程序编程。

第3章介绍了宏程序在圆弧类型面车削中的应用，主要包括：凹、凸圆弧车削宏程序编程，内孔圆弧宏程序编程和车削综合加工宏程序编程。

第4章介绍了宏程序在非圆型面车削中的应用，主要包括：凸、凹椭圆车削宏程序编程，内孔椭圆车削宏程序编程，正弦曲线型面车削宏程序编程，双曲线型面车削宏程序编程，倾斜椭圆车削宏程序编程和配合件车削宏程序编程。

第5章介绍了宏程序在普通螺纹车削中的应用，主要包括：单线、多线外螺纹加工宏程序编程，内螺纹车削宏程序编程和车削综合加工宏程序编程。

第6章介绍了宏程序在高级螺纹车削中的应用，主要包括：内、外梯形螺纹车削宏程序编程，异形螺纹车削宏程序编程，圆弧螺纹车削宏程序编程，等槽宽变齿宽变距螺纹加工宏程序编程，变槽宽变齿宽变距螺纹加工宏程序编程。

本书编排特点

注重工艺和编程相结合、编程思路和操作过程相结合、单型面编程和综合实例相结合，实例内容基本上覆盖了车削中常见的加工型面，实例中的程序语句均有注释和总结。

本书适合读者

本书可以作为数控技术进阶培训、数控编程操作用书和自学教材，也可用于高职高专等院校数控技术课程的实践教材。

本书学习方法建议

学习数控 CNC 编程基本知识→上机实践→学习宏程序基本概念→对照本书实例进行学习和模仿→程序仿真和验证→上机实践→加工实物→总结

本书编写人员

本书由沈春根、徐晓翔和刘义主编，汪健、周丽萍、孙奎洲、叶霞、黄冬英、吴建兵、李伟、王亚元、刘金斌、肖克霞、袁进、胡旭、李海东、陈马源、王潇、陈建和许玉方参与了部分编写和校对工作，全书由沈春根统稿。本书在编写过程中借鉴了国内外同行有关宏程序编程技术的最新研究成果，在此一并表示感谢。

由于作者水平有限，加之时间仓促，书中不足和错误之处恳请读者斧正，并希望提出宝贵建议，便于一起提高数控加工编程技术水平，更欢迎来信进行交流和探讨（作者电子邮箱：chungens@163.com 和 liuyicslg@126.com）。

编　者

目　录

第1章　宏程序编程基础

本章内容提要

本章主要介绍宏程序编程的基本知识，包括变量与常量的定义，控制流向的语句（语法），宏程序编程的算法和算法设计原则，流程图的绘制，以及编程步骤和变量设置的常见方法等内容。其中变量的定义是编写宏程序的基础；语法（即控制流向的语句）是编写宏程序的工具；算法是编写宏程序的核心和灵魂。

1.1 宏程序编程基础——变量与常量

1.1.1 变量的概述

FANUC 数控系统中变量的定义是用"#"和后面指定的变量号表示的，其中变量号可以是数值，也可以是表达式，甚至可以是其他方式的变量，如#100、#[3*2-1]等。

1.1.2 变量的赋值

定义了变量号之后，数控系统会临时开辟一个内存字节来存放该变量，但该变量没有任何意义，只是向数控系统请求一个空的内存地址而已，必须对该变量进行赋值后才能实现运算功能。

赋值的格式为：变量=表达式。其中"="为赋值运算符，其作用是把赋值运算符右边的值赋给左边的变量。有以下说明：

1）例如，#100=2 是把数值 2 赋给变量#100，以后在程序中出现变量#100 就代表数值 2。当然变量的值在程序中也可以任意修改，如#100=3，就是将#100 修改为数值 3。

2）赋值运算符两边的内容不能互换，举例说明如下：

例如#100=#101+#102，如果误写成#101+#102=#100，意义就会截然不同，分析如下：

① #100=#101+#102 执行运算步骤如下：

第一步：进行数学运算#101 与#102 的值。

第二步：将第一步运算的结果赋值给#100。

第三步：#100 的值等于第一步计算的结果。

②#101+#102=#100 执行运算步骤如下：

第一步：计算#101 与#102 的值。

第二步：变量#100 的值赋给#101+#102。

第三步：#101+#102 的值等于#100 的值。

从以上分析可知，在变量的赋值运算时，只能把赋值运算符"="右边的值赋给赋值运算符左边的变量。

3）变量既可以参与运算，也可以相互进行赋值运算。

例如：#100=1；　　　　　　　把 1 赋值给变量#100；

　　　#101=2；　　　　　　　把 2 赋值给变量#101；

　　　#103=#100+#101；　　　把变量#100 的值加上变量#101 的值赋值给#103；

　　　#104=#103；　　　　　　把变量#103 的值赋值给变量#104；

注意：在#104=#103 这个赋值语句中，#103 必须有明确的值，如果#103 没有确定的值，那么把#103 赋值给#104 是没有任何意义的。

1.1.3　变量的使用

1）变量号可以用变量代替：例如变量#[#100]，数值 101 赋值给变量#100，则变量#[#100]的值为变量#101 的值。

2）#100=0 和变量#0 的区别：#100=0 是把 0 赋值给变量#100，此时变量#100 就等于 0，有实际意义；#0 为空变量，永远不能被赋值。

3）在地址后面指定变量号可以引用变量值：当使用表达式指定变量时，把表达式用[ ]括起来，表明进行[ ]内的运算，如果改变表达式符号时，要把符号放在表达式的前面。建议在编制宏程序时变量（而不是规定）最好用[ ]括起来，以免产生歧义。

例如：G01 X [2*#100+1] F#101；　　　　　#101 是进给率的；

　　　G01 Z - [#100] F#101；　　　　　　#100 是地址符 Z 的值；

4）变量可以用于条件判断的比较：如 IF [#100 GT #101] GOTO 20，在条件判断语句中使用变量，增加了程序的灵活性。

5）有些场合不允许使用变量，比如以下情况：

定义程序名：O#100；跳转地址符：GOTO #100 等。

6）在实际编程中，每个变量要单独写一行，不能把多个变量写在同一行，否则系统会出现报警。

例如：正确的写法　　　　　　　　　　　　错误写法

　　　……　　　　　　　　　　　　　　　……

　　　#100 = 10；　　　　　　　#100 = 10；#101 = 2；#102 = 0；

　　　#101 = 2；　　　　　　　　　……

　　　#102 = 0；

　　　……

1.1.4　变量的类型

变量根据变量号中数字的范围，可以分为四种类型，见表 1-1。

表 1-1　变量的类型及功能

变　量　号	变　量　类　型	功　　　能
#0	空变量	该变量总是空的，没有值赋给该变量
#1～#33	局部变量	局部变量只能用在宏程序中存储数据，例如运算断电时，局部变量被初始化为空，调用宏程序时，自变量对局部变量进行赋值
#100～#199	公共变量	在不同的宏程序中意义相同，当断电时，变量#100～#199 初始化为空
#500～#999	公共变量	变量#500～#999 数据保存，即使断电也不丢失
#1000 以上	系统变量	系统变量用于读和写 CNC 的各种数据，例如刀具的当前位置和补偿值等

在实际编程中可以使用变量号在公用变量范围中的变量（即在#100～#199 变量之内），这些变量是厂家提供给用户自由使用的；系统变量号中的变量出于厂家对系统的保护，是不可以随便写入数据改变其值的。关于 FANUC 0i 更多的系统变量、接口系统变量、采用系统变量读入和改写刀具补偿值、改写工件零点的偏置等变量的说明，读者可以参考北京发那科公司提供的 FANUC 0i 操作和参数说明书。

1.1.5　变量的算术运算和逻辑运算

表 1-2 所列为变量的算术运算和逻辑运算，应用时几点说明如下：

1）以上只是罗列了变量算术运算和逻辑运算的基本功能。在实际宏程序编制中，也不是每个功能及其格式都需用到，记住常用的一些功能，如定义置换、加减乘除、SQRT[ ]、SIN[ ]、COS[ ]等，其他的在实际编程中需要时查询即可。

2）变量运算的优先次序：

函数→乘和除运算（*、/、AND）→加和减运算（+、−、OR、XOR）→赋值运算（=）。

运算是按从高到低的顺序执行的。

3）方括号的嵌套。方括号[ ]用于改变运算的次序，方括号最多可以使用五层，包括函数内部使用的括号；圆括号（ ）则用于注释程序的含义。

例如：#100=SQRT[1-[#101*#101]/[#103*#103]]；　　　（2重括号）

4）关于上取整函数 FIX 和下取整函数 FUP，在实际应用时要注意使用后值的变化。应用 FIX 函数时绝对值比原来的绝对值大，反之为下取整（建议在实际编程中尽量避免使用这些函数，以免产生零件精度和尺寸的误差）。

5）有关由于函数计算的误差而引起零件精度的问题，可以参考北京发那科公司提供的 FANUC 0i 操作说明书和参数说明书，在此不再赘述。

表 1-2　变量的算术运算和逻辑运算一览表

功　能	格　式	备　注
定义置换	#i=#j	
加法	#i=#j+#k	
减法	#i=#j−#k	
乘法	#i=#j*#k	
除法	#i=#j/#k	
正弦	#i=SIN[#j]	
反正弦	#i=ASIN[#j]	
余弦	#i= COS[#j]	三角函数和反三角函数的数值均以度（°）为单位来指定。例如：90°30′应写为90.5°
反余弦	#i=ACOS[#j]	
正切	#i=TAN[#j]	
反正切	#i=ATAN[#j]	
平方根	#i=SQRT[#j]	
绝对值	#i=ABS[#j]	
舍入	#i=ROUND[#j]	
指数函数	#i=EXP[#j]	按四舍五入取整进行运算
自然对数	#i=LN[#j]	
上取整	#i=FIX[#j]	
下取整	#i=FUP[#j]	

（续）

功　能	格　式	备　注
与	#I AND #j	逻辑运算是按位进行运算的，按照二进制数据运算
或	#I OR #j	
异或	#I XOR #j	
从 BCD 转为 BIN	#I=BIN #j	用于与 PMC 信号交换（BIN 为二进制；BCD 为十进制）
从 BIN 转为 BCD	#I=BCD #j	

1.1.6　变量的自减与自增运算

变量自减、自增的作用使变量增加、减小 1，例如：#100=#100+1、#100=#100−1。

变量的自增、自减运算在宏程序编程中应用较为广泛，例如：

······

#100=10;

N10······;

#100=#100−1;

IF[#100 GT 0] GOTO 10;

······

分析：

第一步：机床顺序执行到程序#100=10 时，数控系统开辟一个内存并赋值，此时变量#100 的值等于 10。

第二步：机床顺序执行到程序#100=#100−1 时，数控系统会进行判断变量#100 是否被定义并且被赋值，如果#100 没有被定义，此时数控系统会触发报警；如果变量#100 被定义，但变量#100 没有被赋值，此时数控系统会触发报警；当且仅当变量#100 被定义且被赋值时，机床执行第三步。

第三步：机床进行相应的数学运算。根据变量运算的优先级可知：赋值运算符级别最低。

数控系统先进行数学运算（减运算），再进行赋值运算，具体执行如下：①由第一步可知：变量#100 的值等于 10，因此#100−1 = 10−1 = 9；②#100 = 9，因此机床顺序执行语句#100 = #100−1，变量#100 的值改变为 9。

第四步：数控系统判断变量#100 的值是否大于 0，若变量#100 的值大于 0，程序跳转到第三步执行；若变量#100 的值小于等于 0，程序执行结束。

以上程序执行流程图如图 1-1 所示。

变量自增运算同自减运算，在此为了节省篇幅不再赘述。

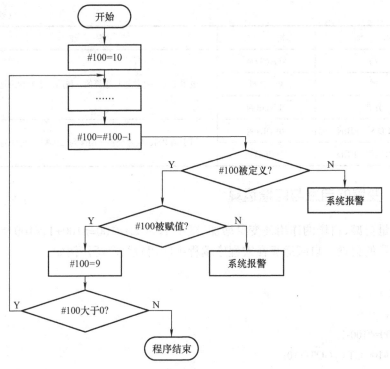

图 1-1 变量自减流程图

1.1.7 常量

像 1、10、99、ln0、10.1、2/3 等值无法改变的量，称为常量。

1.2 宏程序编程基础——控制流向的语句

FANUC 系统提供的跳转语句和循环语句在程序设计者和数控系统之间搭建了沟通的桥梁，使宏程序编程得以实现。其中，跳转语句可以改变程序的流向，使用得当可以让程序变得简洁易懂，反之则会使程序变得杂乱无章。

1.2.1 语句的分类

1. 条件转移语句

格式：IF [条件表达式] GOTO n ；　　　（n 为程序的标号）

语义：指定表达式成立时，转移到标有顺序号 n 的程序段执行；指定的条件表达式不成立，则执行下一个程序段。

例如：

......

N20…；

......

IF [条件表达式]　GOTO 20；

......

如果[ ]中表达式成立，则跳转到程序号为 20 处执行，否则执行下一个程序段，其流程图如图 1-2 所示。

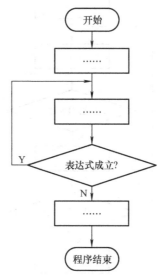

图 1-2　条件转移语句的流程图

注意：在 FANUC 系统输入时，IF 和[条件表达式]之间必须有空格隔开，[条件表达式]和 GOTO 20 之间必须有空格来隔开。其中条件表达式必须包含运算符（见后面详细说明）。运算符插在两个变量中间或变量和常量之间，必须加"[ ]"符号。

2. 无条件跳转指令（也称绝对跳转指令）

格式：GOTO n；（n 为标号，n 的范围为 1～99999，不在这个范围内，系统会自动报警，报警号 No.128）

语义：跳转到标号为 n 的程序段。

例如：

......

N20 …；

......

GOTO 20；

......

注意：使用该跳转语句时，必须要有跳转语句使程序跳转到 GOTO 20 后面程序段处执行后面的程序，否则会执行无限循环（死循环），在程序设计中要尽量避免使用该类语句。

一般用法是 GOTO 语句和 IF [条件表达式] GOTO n（[ ] 中为条件判断语句）配合使用，实现程序适合精加工场合，其流程图如图 1-3 所示。

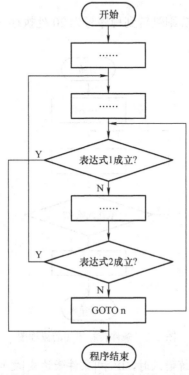

图 1-3 条件转移语句和绝对跳转语句常见用法的流程图

3. 条件赋值语句

格式：IF [条件表达式] THEN ……

语义：条件表达式成立时，执行 THEN 后面的语句；如果不成立顺序执行 IF 程序段的下一条语句，则该语句相当于对变量的有条件赋值。

例如：……

　　　IF [条件表达式] THEN #100 = 0 ；

　　　……

如果 [ ] 中表达式描述的条件成立，则执行 #100 = 0 的语句，否则执行下一个程序段。

注意：IF [条件表达式] THEN …… 的一般应用场合：加工余量不能整除背吃刀量，目的是既保证零件不会过切，也保证精加工余量不会过大，举例说明如下：

加工零件如图 1-4 所示，毛坯为 ϕ30mm×70mm 圆钢棒料，要求外圆加工的背吃刀量（每次切削深度）为 2mm，X 向（直径方向）精加工余量为 0.5mm。

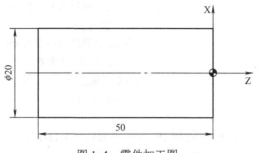

图 1-4　零件加工图

加工思路分析如下：

1）从毛坯、零件、精加工余量分析可知：X 轴粗加工的加工余量为 9.5mm，背吃刀量为 2mm，9.5 不能整除 2，考虑采用 IF [条件表达式]　THEN ……语句来解决问题。

2）设置变量#100，赋初始值 30 控制毛坯直径。

3）选择 IF [条件表达式] GOTO 10 语句来控制整个循环过程。

4）选择 IF [条件表达式] THEN ……语句，既保证零件不会过切，又保证精加工余量不会过大。

5）编制宏程序如下：

O1001;	
T0101;	（调用 1 号刀具及其补偿参数，90° 外圆车刀）
M03 S2000;	（主轴正转，转速为 2000r/min）
G0 X31 Z10;	（X、Z 轴快速移至 X31 Z10）
Z1;	（Z 轴移到 Z1 位置）
M08;	（打开切削液）
G01 Z0 F0.2;	（Z 轴进给至 Z0）
X-1;	（X 轴进给至 X-1）
G0 Z3;	（Z 轴快速移至 Z3）
X32;	（X 轴快速移至 X32）
#100 = 30;	（设置变量#100，控制零件 X 轴尺寸）
N10 #100 = #100-2;	（变量#100 依次减小 2mm）
IF [#100 LE 20.5] THEN #100 = 20.5;	（条件赋值语句，若变量#100 的值小于等于 20.5，则#100 重新赋值为 20.5）
G0 X[#100];	（X 轴快速移至 X[#100] ）
G01 Z-55 F0.2;	（Z 轴进给至 Z-55）
G0 U0.5;	（X 轴沿正方向快速移动 0.5mm）

Z1；   （Z轴快速移至Z1）

IF [#100 GT 20.5] GOTO 10；   （条件判断语句，若变量#100的值大于20.5，则跳转到标号为10的程序段处执行，否则执行下一程序段）

G0 X100 Z100；   （X、Z轴快速移至X100 Z100）

G28 U0 W0 ；   （X、Z轴返回参考点）

M09；   （切削液关闭）

M05；   （关闭主轴）

M30；

程序O1001主要目的是说明IF [条件表达式] THEN……的应用场合，读者只要了解此用法，而编程思路、程序执行流程图和刀路轨迹可暂时不予深究，后面相关章节会详细分析。

4. 循环语句（WHILE语句）

格式：WHILE [条件表达式] DO m；

　　　循环体；

　　　END m；   （m为取值的标号）

语义：在WHILE后面指定了一个条件表达式，当条件表达式值为True（真）时，则执行WHILE到END之间的循环体的程序段；当条件表达式的值为False（假）时，执行END后面的程序段，其流程图如图1-5所示。

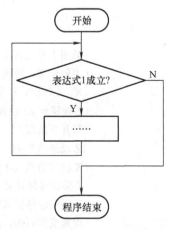

图1-5　循环语句流程图

关于WHILE语句的几点说明如下：

1）DO m和END m必须成对使用，而且DO m必须在END m之前使用，是用识别号m来寻找和DO相配对的END语句。下面是错误的用法：

WHILE [条件表达式] DO1；

循环体;

END 2;

2）其中 m 的取值只能为 1、2、3，如果使用 1、2、3 以外的数值，系统会报警，报警号为 NO.126。

3）[ ]中的语句为条件表达式，循环的次数根据条件表达式来决定，如果条件表达式的值永远为 True 时，则会无限次执行循环体，即出现死循环的现象。在进行程序设计时，要先设计好算法，避免出现死循环的现象。

例如：WHILE [1 GT 0] DO1;

循环体;

END1;

因为 1 永远大于 0，所以此语句会无限次地执行循环体中的程序段。

4）条件判断语句（IF [条件表达式] GOTO n）和循环语句（WHILE）的区别：两者的区别在于判断的先后顺序不同，本质是没有太大区别的，但在实际应用中要注意它们微小的区别。一般能用 IF [条件表达式] GOTO n 的语句都可以用循环语句（WHILE）来替代。

例如：

```
……                              ……
#100 = 20;                       #100 = 20;
N20 ……;                          WHILE [#100 GE 20] DO 1;
程序段;                           程序段;
#100 = #100−10;                  #100 = #100−10;
IF [ #100 GT 20] GOTO 20;        END 1;
……                              ……
```

这两个程序的运行结果完全一样。再看下面的程序：

```
……                              ……
#100 = 20 ;                      #100 = 20 ;
N20 #100 = #100−10;              WHILE [#100 GT 20] DO 1;
……                              #100 = #100−10;
程序段;                           程序段;
IF [ #100 GT 20] GOTO 20;        END 1;
……                              ……
```

通过对这两个简单程序的比较，不难发现它们的不同点：循环语句（WHILE [条件表达式] DO m；……END m；）先执行条件表达式，再执行循环体；条件转移语句（IF [条件表达式] GOTO n；）一般先执行循环体，再执行条件表达式（特殊情况本书不做深入讨论）。

1.2.2 执行流向语句的嵌套

条件转移语句、循环语句之间可以嵌套条件转移语句、循环语句，此类语句称为执行流向语句的嵌套。

1. IF [条件表达式] GOTO n 嵌套几种形式

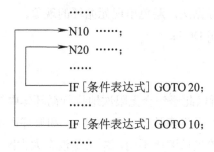

IF 语句也可以互相交叉的，形式如下：

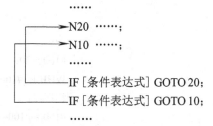

这和后面的 WHILE 语句有所不同，在实际应用中要注意区别，否则达不到程序设计预期的目标。

2. WHILE [条件表达式] DO m 嵌套几种形式

1）两层嵌套形式如下：

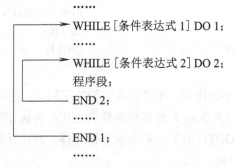

2）FANUC 系统提供的嵌套最多为三层嵌套，三层嵌套形式如下：

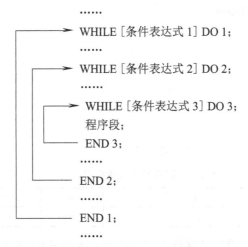

……
WHILE [条件表达式 1] DO 1;
……
WHILE [条件表达式 2] DO 2;
……
WHILE [条件表达式 3] DO 3;
程序段;
END 3;
……
END 2;
……
END 1;
……

3）嵌套不能互相交叉，这和 IF [条件表达式] GOTO n 之间的嵌套有区别。

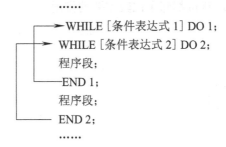

……
WHILE [条件表达式 1] DO 1;
WHILE [条件表达式 2] DO 2;
程序段;
END 1;
程序段;
END 2;
……

注：这种语句的交叉嵌套是错误的。

4）IF[条件表达式 1] GOTO n 和 WHILE [条件表达式 2] DO m……END m 组合实现更为强大的功能，其格式如下：

WHILE [条件表达式 2] DO m;
程序段;
IF [条件表达式 1] GOTO n;
END m;
……
Nn ……;
……

这里的 IF [条件表达式 1] GOTO n，相当于计算机编程 C 语言中 Break 的语句功能，这就避免了语句会出现无限次执行下去的情况。

5）条件转移语句不能转移到循环的里面，这样会导致死循环，在程序设计中一定要避免此类情况发生。

WHILE [条件表达式 2] DO m;

程序段;

Nn……;

END m;

IF [条件表达式 1] GOTO n;

1.2.3 运算符的描述

运算符的表示方式和表达的意义见表 1-3。

表 1-3 运算符的表达方式

运 算 符	EQ	NE	GT	GE	LT	LE
意 义	=	≠	>	≥	<	≤

运算符和表达式组合成条件判断语句,从而实现程序流向的控制。在任何一个条件判断语句 IF[条件表达式 1] GOTO n 和循环语句 WHILE [条件表达式 2] DO m……END m 中,运算符都起了比较重要的作用。

例如:

#100 = 100;

N20 #100 = #100-10;

程序段 1;

IF [#100 GT 20] GOTO 20;

程序段 2;

……

该程序段中 GT 的作用就是让变量#100 和 20 进行比较,从而决定程序执行的流向。

运算符进行逻辑运算,其值只有 0 和 1(即 True 和 False)两种情况。如果比较的结果为 1(True),即条件表达式成立,则跳转到程序号为 20 的程序段,然后执行顺序下面的程序段,直到表达式的值出现 0(False)的情况,则转去执行程序段 2 的程序。

注意: GE 和 GT,LE 和 LT 是不同类型的运算符,在实际编程中要注意它们的区别。以 GE 和 GT 为例说明它们的不同点:

程序 1: #100 = 20;   程序 2: #100 = 20;

      N20 #100 = #100−10;   N20 #100 = #100−10;

      程序段 1;   程序段 1;

      IF [#100 GT 10] GOTO 20;   IF [#100 GE 10] GOTO 20;

      程序段 2;   程序段 2;

      ……   ……

程序 1 执行了 1 次，而程序 2 则执行了 2 次。通过对这两个简单程序的比较，不难发现它们的不同点，在实际使用时要加以区分。

1.3　宏程序编程基础——算法和算法设计

算法的概念是在计算机高级编程语言（如 C 语言）中提出来的。本章在此不讨论计算机编程语言的算法，只简单讨论宏程序编程的逻辑设计。宏程序编程和普通的 G 代码编程在本质上的区别是：宏程序引进了变量，变量之间可以进行运算，它用控制流向的语句去改变程序的流向，而普通的 G 代码只是顺序执行，灵活性比宏程序要差。

编制一个高质量的宏程序代码，事先要有合理的逻辑设计，然后依据逻辑设计的要求表达出该程序流程图，再根据流程图采用宏变量和控制流向的语句编制出数控系统能识别的代码（即数控 CNC 程序）。

1.3.1　算法的概述

数控编程中宏程序的算法（algorithm）是指编制数控宏程序代码而采取的方法和步骤。在数控编程中，变量是操作的对象，操作的目的是使变量执行数学运算、逻辑运算并结合控制程序执行流向的语句，实现编程人员的预期目的，最终生成能被机床识别且能加工出合格零件的宏程序代码。

编制简单的加工零件或采用普通 G 代码、固定循环编程也是先设计好算法，然后根据算法编制加工程序的代码。由于普通 G 代码编程、固定循环编程比较简单也更容易让人接受，编程人员通常会忽略算法这一步骤，但算法步骤依然存在和应用于具体编制的程序中。

宏程序编程的特殊性在于预先要设计好算法，根据算法绘制程序的流程图；根据算法合理设置变量，再选择程序执行流向的语句，最后结合机床系统提供的编程代码指令，编制出能被数控系统识别的宏程序代码（即数控加工 CNC 程序）。

不同的算法会产生不同的刀具轨迹，不同的刀具轨迹切削工件，会产生不同的切削效果（包括零件的加工时间、加工精度和加工表面粗糙度等）。因此，算法有优劣之分。在编制的数控加工程序中：有的逻辑算法需要设置较少的变量、较少的控制流向的语句，程序跳转简洁且有规律，这样执行的逻辑关系不会复杂；有的算法则需要设置较多的变量，变量之间的数学、逻辑运算更加复杂，选择较多控制流向的语句，程序跳转会变得杂乱无章。

实际编制宏程序代码以及设计算法，不仅需要保证算法的正确性，还要考虑算法的质量，选择合适、高质量的算法。

1.3.2 算法设计的三大原则

1. 算法设计的有限性

编制宏程序加工代码，设计的算法包括变量的设置、变量之间的运算和选择控制程序执行流向的语句等，不能使程序无限执行下去（即死循环）。即使是有限循环，如果加工时间过长，这样的算法也是不合理的。例如车削一个简单的外圆，径向（X 轴）车削的余量只有 5mm，轴向（Z 轴）车削余量为 5mm，设计出来的算法，机床需要执行 24h，这样的算法是难以被人接受的。

例如：

#100 = 1;

N10 T0202;

G04 X10;

T0101;

G04 X10;

IF [#100 GT 0] GOTO 10;

……

机床执行上述语句，会无限执行换 2 号刀，暂停 10s，再换 1 号刀，暂停 10s，无限去执行循环过程。

2. 算法设计的唯一性

编制宏程序加工的代码和设计的算法，还必须使编制的程序有明确的加工效果，且唯一执行该加工过程。使用控制程序执行流向的语句，也必须使程序的跳转有明确的目标，避免有歧义的跳转。

例如：

GOTO 10。在该跳转语句中，10 就是程序跳转的目标程序段，机床执行到该语句，程序会跳转到标号为 10 的程序段处执行，该语句有明确的跳转目标，数控系统不会产生歧义。

GOTO #100。在该跳转语句中，#100 就是程序跳转的目标程序段，机床执行到该语句，即使#100 有明确的值，机床也会触发报警的。究其原因：变量#100是可以重新被赋值的，该变量不是唯一的，导致程序执行存在歧义。

3. 算法设计的有效性

编制宏程序加工的代码和设计的算法，还必须是有效执行的，能够得到预期的加工效果，避免数学运算或逻辑运算认为不合理或不存在运算。

例如：

#100 = 1;

#101 = SQRT[#100];

......

机床执行上述语句，#101 有明确的值。

再看下面的语句：

#100 = -1;

#101 = SQRT[#100];

......

机床执行上述语句会触发报警。究其原因：执行 SQRT 运算的数值必须是大于等于 0 的值。因此在编制宏程序设计算法时，应保证算法的有效性和可靠性。

1.4　宏程序编程基础——流程图

算法有三种描述方法：自然语言、流程图（程序图、N-S 图）、程序语言（伪代码），本节详细介绍流程图基本知识，为后续宏程序编程实践夯实基础。

1.4.1　流程图基本概述

在实际编程中，编程人员会使用规定的图形、指向线（带箭头的流程线）以及文字说明，来直观表达算法及其过程，该类流程图示意如图 1-6 所示。

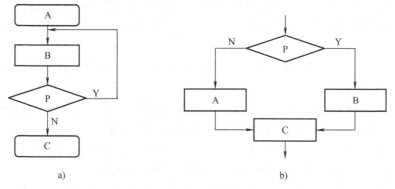

图 1-6　流程图示意图

a）顺序结构　b）条件分支结构

1.4.2　构成标准流程图的图形符号

流程图是能够实现不同算法功能和程序相对应的示意图。程序框内标注必要的文字说明，如图 1-6 所示。构成流程图的图形符号以及直线、箭头都有特定的意义，见表 1-4。

表1-4　构成流程图的符号以及直线箭头的作用

图　形	名　称	作　用
	起始框	表示一个算法起始,是任何算法流程图不可缺少的
	输入、输出框	表示一个算法输入、输出的信息
	处理框	表示算法执行数据(变量)的赋值、数据之间的运算(数学、逻辑运算),以及算法其他处理操作步骤等
	判断框	判断某一条件是否成立,当条件成立时,在出口处用 Y 标明。条件不成立时,在出口处用 N 标明。算法执行是逻辑运算,Y 对应逻辑值"1",N 对应逻辑值"0"
	流程线	表示算法执行先后顺序以及表示算法执行的流向
	连接点	连接另一页或另一部分的流程图,连接点需表明对应标号
	注释框	对流程图表示的内容进行说明,目的是使阅读的流程图的人更理解流程图所表达的信息
	终止框	表示一个算法结束,是任何算法流程图不可缺少的

1.4.3　绘制流程图的规则

绘制流程图要使用标准的流程图符号,遵守一定的绘制规则,这样绘制的流程图才能准确表达算法并执行操作步骤,也更容易让用户理解和接受,基本规则如下:

1)一个完整的流程图必须有起始框和结束框,用来表示算法的开始和该算法输出怎样的结果。

2)必须使用标准的流程图符号表示算法的操作步骤,流程框中的语言描述要精练、简洁且能准确表示算法的操作步骤和相应内容。

3)带箭头的流程线表示算法执行的先后顺序,流程图一般按从上到下或从左到右的顺序画出,但执行的先后顺序由具体的流程线标明。

4)算法对数据结构(变量)赋值、数据结构之间执行的运算(数学、逻辑运算),可以写在同一个处理框中(写在同一个处理框需要分行),也可以写在不同的处理框中。

5)一个流程框应画在同一页纸中,最好不要分开,确实由于页面等原因,则要在分开处用连接点标出,并标出连接的号码,以便查找和阅读。

6)注释框不是流程图的必需部分,只是对流程框的相关信息加以说明,目的是使阅读该流程图的人更容易理解流程图表达的信息。

1.4.4 流程图几种典型的结构

流程图的典型结构有顺序结构、条件分支结构和循环结构（当型循环结构、直到型循环结构），三种典型的结构（直到型循环结构除外）在数控宏程序编程中都有相应的应用。

1. 顺序结构

顺序结构的语句与语句之间、框与框之间，是按照从上到下的顺序执行流程图中的操作步骤的。顺序结构是由若干个依次执行的步骤组成，执行的步骤之间没有跳转，顺序结构是最基本的算法结构。如图 1-7 所示，A 框和 B 框是顺序执行的，只有执行了 A 框的操作步骤后，才能执行 B 框所指定的操作步骤和操作内容。

2. 条件分支结构

条件分支结构如图 1-8 所示，此结构中包含了一个判断框，程序会判断框 P 是否成立，如果 P 成立，则执行 B 框中的操作步骤；如果 P 不成立，则跳转执行 A 框中的操作步骤。条件分支结构是条件选择语句，即可以改变算法执行操作步骤的流向，无论判断框 P 条件是否成立，程序只能执行 A 框或 B 框，不可能既执行 A 框操作步骤，又执行 B 框的操作步骤，也不可能 A 框、B 框都不执行。

该流程图结构和数控宏程序编程中控制程序执行流向的条件判断语句，IF [ ] GOTO n 语句，在应用效果上是一致的。

3. 循环结构

在一些算法中，需要重复执行同一操作步骤的结构称为循环结构。从算法某处开始，按照一定的条件重复执行某一步骤的过程，重复执行的步骤称为循环体。

循环结构有两种类型：当型循环结构和直到型循环结构。

当型循环结构如图 1-9 所示，它的执行过程为先判断判断框 P 内的条件语句是否成立，如果成立则重复执行 B 框中的操作，此时判断框 P 和处理框 B 构成一个当型循环结构；如果判断框 P 内的条件语句不成立，跳转执行 A 框中的操作步骤。

该流程图结构和数控宏程序编程控制程序执行流向的条件判断语句，WHILE [ ] Do m……END m 语句，在应用效果上是一致的。

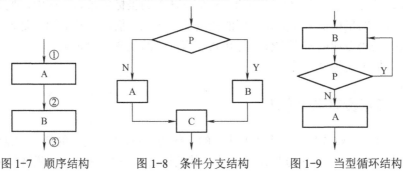

图 1-7　顺序结构　　　图 1-8　条件分支结构　　　图 1-9　当型循环结构

自然语言、N-S 图、程序语言（伪代码）在宏程序编程中应用较少，感兴趣的读者可以参考相关书籍，在此为了节省篇幅不再赘述。

1.5 宏程序编程基础——编程步骤和变量设置方法

宏程序编程与普通 G 代码、固定循环、CAM 自动编程的区别：宏程序编程不但引入了变量、表达式，且变量、表达式之间可以进行逻辑、数学运算；还引入了控制流向的语句，不仅能实现程序之间的循环，还能实现语句与语句之间的跳转。

宏程序编程在椭圆、抛物线、有规律的三维立体等非圆型面的加工中具有强大优势，大大降低了手工编程的计算量。它和 CAM 自动编程相比程序量精简得多，几行语句就可以实现复杂型面的加工，且修改和调试方便。

宏程序编程采用变量、表达式、控制流向的语句、逻辑算法等，给初学者带来很大的困难，因此学习宏程序编程方式和正确编程步骤很有必要。

1.5.1 宏程序编程步骤

1）分析零件加工图及毛坯图。

2）确定零件中哪些量是恒定不变的量（常量），哪些量是"变化"的量（变量）。

3）根据步骤2）的分析：设置"常量"控制零件的"恒定量"；设置"变量"控制零件的"变化量"。

4）根据步骤1）的分析，对步骤3）设置的变量赋初始值。

5）确定变量的运算方式以及变量变化的最终值。

6）根据步骤5）选择合理的控制流向的语句，避免程序出现无限（死）循环的现象。

7）根据步骤1）～步骤6）的分析，绘制程序执行流程图。

8）根据程序执行流程图，编制宏程序代码。

9）对编制的宏程序代码进行手工验证。

验证的方法：一般取零件中 2～3 个特殊点的坐标值带入程序中，把变量替换成特殊点的坐标值来计算相对应的变量及表达式的值，来验证程序是否正确。

10）采用专业的仿真软件进行仿真，查看刀路轨迹是否正确。

11）加工实物并总结。

1.5.2 变量设置常见方法

方法 1：一般选择加工中"变化"的量作为变量，"恒定"的量作为常量

例如，加工如图 1-10 所示的零件，其毛坯如图 1-11 所示，变量选择的方法

如下:

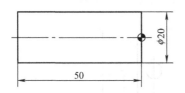

图1-10 方法1加工零件示意图

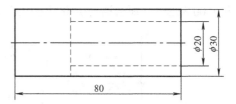

图1-11 方法1加工零件的毛坯图

该零件将ϕ30mm×80mm 的圆棒料加工成ϕ20mm×50mm 的销轴零件。在车削加工过程中，毛坯外圆尺寸由ϕ30mm 逐渐减小至ϕ20mm，长度方向的尺寸不发生改变（端面、切断加工不作考虑）。显然，在该零件编程时，定义的变量用来控制外圆直径的变化。

方法2：选择解析（参数）方程"自身变量"

宏程序在方程型面的加工方面具有举足轻重的地位，根据方程型面"自身"的变化量来设置程序变量，也是宏程序编程设置变量的主要方法。

例如，加工如图 1-12 所示零件的椭圆轮廓，椭圆的参数方程为 $X=50\cos\theta$、$Y=30\sin\theta$，选择椭圆参数方程"自身变量θ"作为变量，可以解决轮廓"找点"问题。设置一个变量控制"θ"的变化，长、短半轴的变化随着"θ"的变化而变化。

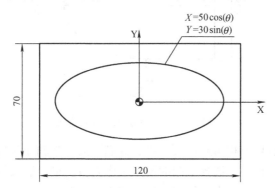

图1-12 方法2加工椭圆零件示意图

方法3：选择"标志变量""计数器"等辅助性变量

采用宏程序编程经常遇到加工中"变化量"、解析（参数）方程"自身变量"无法作为变量或作为变量不太方便的情况，可以考虑设置"标志变量""计数器"等和加工图样尺寸无关的变量（辅助性变量），作为控制该零件加工中的变量。

例如，加工如图 1-13 所示的零件，要求加工直线排孔，分析可知，相邻孔之间的间距为 30mm，孔的数量为 500 个，那么设置变量有以下两种方案：①选择 X 的坐标值作为变量，需要计算和确定第 500 个孔循环结束的条件；②选择孔的数量作为变量，设置定义一个变量并赋值#100=500，控制孔的数量，加工完成一个孔，变量#100 减去 1，那么语句[#100 LE 0]就可以控制整个加工循环的结束。

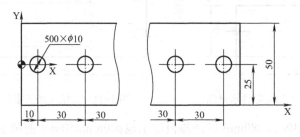

图 1-13　方法 3 加工零件示意图

对方案①、方案②进行比较，发现方案②相对比较方便，也容易实现。

方法 4：根据个人编程和思维的习惯来选择变量

采用宏程序编程经常遇到加工零件可以选择不同变量来控制和编程的情况，且都能达到相同的效果，这时可以根据个人的思维习惯来设置变量。例如，加工图 1-14 所示的半椭圆轮廓零件，椭圆的解析方程为 $X^2/19^2+Z^2/30^2=1$。

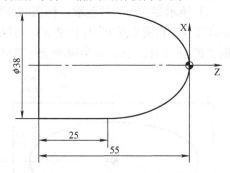

图 1-14　方法 4 加工零件示意图

根据椭圆的解析方程可知：既可以选择椭圆的长半轴作为自变量，椭圆的短半轴作为因变量；也可以选择椭圆的短半轴作为自变量，椭圆的长半轴作为因变量。实际编程可以根据个人编程和思维习惯来选择变量。

1.6　宏程序编程基础——简单实例分析

1.6.1　零件图及加工内容

加工零件如图 1-15 所示，毛坯为 ϕ50mm×100mm 圆钢棒料，需要加工成 ϕ30mm×60mm 的光轴，材料为 45 钢，试编写数控车加工宏程序代码。

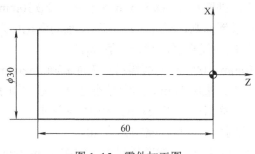

图 1-15 零件加工图

1.6.2 零件图的分析

该实例要求车削成形一个 $\phi 30$mm×60mm 光轴，在径向（X 轴）的直径余量为 20mm，加工和编程之前需要考虑以下方面：

1）机床：FANUC 系统的数控车床。

2）装夹：自定心卡盘，夹持 $\phi 50$mm×100mm 圆钢，伸出长度大约 65mm。

3）刀具：①90°外圆车刀（1 号刀）；②90°外圆车刀（2 号刀）。

4）量具：①0～150mm 游标卡尺；②25～50mm 外径千分尺。

5）编程原点：编程原点及其编程坐标系如图 1-15 所示。

6）车削余量为 20mm（直径）。车削外圆方式为分层车削。车削外圆模式为单向切削。背吃刀量为 2mm。

7）设置切削用量见表 1-5。

表 1-5 车削光轴工序卡

工序	主要内容	设备	刀具/刀号	切削用量		
				转速/(r/min)	进给量/（mm/r）	背吃刀量/ mm
1	车削端面	数控车床	外圆刀（1 号刀）	2000	0.2	0.5
2	粗车外圆	数控车床	外圆刀（1 号刀）	2000	0.2	2
3	精车外圆	数控车床	外圆刀（2 号刀）	3000	0.12	0.3

1.6.3 算法以及程序流程图设计

1. 变量的确定

1）该零件将 $\phi 50$mm×100mm 的圆棒料加工成 $\phi 30$mm×60mm 的销轴零件。在

车削加工过程中，毛坯外圆尺寸由ϕ50mm逐渐减小至ϕ30mm，且轴向的尺寸不发生改变，符合变量设置原则：优先考虑毛坯X轴的变化作为变量。

设置变量#100控制毛坯直径，赋初始值50。

2）该零件将ϕ50mm×100mm的圆棒料加工成ϕ30mm×60mm的销轴零件。在车削加工过程中，加工余量由20mm逐渐减小至0，且轴向的尺寸不发生改变，符合变量设置原则：优先考虑加工余量的变化作为变量。

设置变量#100控制加工余量，赋初始值20。

3）该零件将ϕ50mm×100mm的圆棒料加工成ϕ30mm×60mm的销轴零件。由表1-5可知，粗车外圆的背吃刀量为2mm；从分析加工零件图及毛坯可知：加工余量20mm，加工次数=加工余量/背吃刀量=10，且轴向的尺寸不发生改变，符合变量设置原则：选择"标志变量""计数器"等辅助性变量作为变量。

设置变量#100控制加工次数，赋初始值10。

从1）~3）的变量设置分析可知，确定变量的方式不是唯一的，但变量控制类型决定了程序流程图，同时也决定了宏程序代码。

2. 确定变量的运算及最终变化值

1）车削一层加工思路。刀具快速移至X50Z0.5后，X轴每次进刀2mm，Z轴进行一次轴向行程的车削，车削长度为63.3mm；Z轴车削完成后X轴正方向增量退刀0.5mm，Z轴返回到Z1处，此过程为一个循环周期，依此描述形成的单个循环刀路轨迹如图1-16所示。

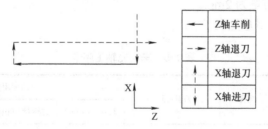

→	Z轴车削
--→	Z轴退刀
↑	X轴退刀
↓	X轴进刀

图1-16 单一循环刀路轨迹图

2）由前述可知，变量#100每次进行自减2mm，即#100 = #100-2。

3）以毛坯尺寸作为变量，变量变化的最终尺寸的依据：加工零件的X轴尺寸20mm。

以加工余量作为变量，变量变化的最终尺寸的依据：加工余量等于0。

3. 选择控制程序执行流向的语句

根据以上分析，IF [条件表达式1] GOTO n 和 WHILE [条件表达式1] DO m……END m 语句都可以实现本实例的循环过程，形成刀路轨迹如图

1-17 所示。

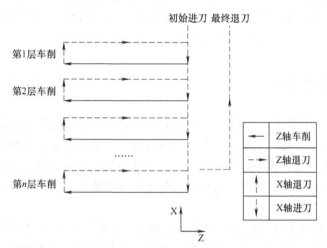

图 1-17　车削循环刀路轨迹图

4. 绘制程序执行流程图

根据变量设置的不同，绘制的流程图也不相同。以毛坯尺寸作为变量绘制的流程图如图 1-18 所示，以加工余量作为变量绘制的流程图如图 1-19 所示。

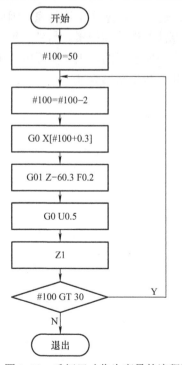

图 1-18　毛坯尺寸作为变量的流程图

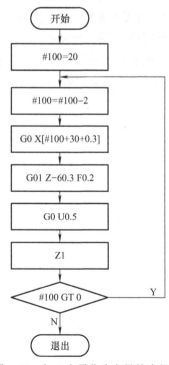

图 1-19　加工余量作为变量的流程图

由图 1-18 和图 1-19 可以看出，不同的算法和思路绘制程序的流程图也不尽相同，程序的复杂程度也不一样（在此仅讨论该题的算法，关于具体的宏程序代码，本节不列出，在后面实例中会给出完整的宏程序代码）。

1.7 本章小结

1）本章主要介绍了宏程序编程变量、语句以及算法的基础知识。其中变量是基础，离开了变量，宏程序编程将无从谈起；而语句是编程者和机床进行沟通的桥梁；算法则是宏程序编程的灵魂，变量和语句只是实现算法的表现形式。显然，初学者编制宏程序时需要进行大量的上机调试练习，才能理解和掌握宏程序应用的思路、方法和技巧。

2）本章引进了计算机编程算法及其概念，介绍了绘制程序流程图的一些基础知识，宏程序编程思路通过流程图来表达，其目的是让读者能更好地理解程序设计的逻辑关系。

3）如何针对加工和编程的需要去定义变量，是宏程序的一个难点，本章对变量设置和选择的方法归纳了 4 种常见方式，读者可以在编程练习中加以领会和掌握。

4）变量是基础，控制流向的语句（语法）是工具，算法才是灵魂。因而在学习过程中，不能一味地记忆代码，而忽视了算法的训练和积累。另外，每一种数控系统宏编程的语句和变量都不尽相同，也是不断发展的，因此实际编程中，编程人员应当以数控机床厂家提供的操作手册和参数说明书为准。

第 2 章　车削简单型面宏程序应用

本章内容提要

粗车端面、粗车单外圆、精车单外圆、车削钻孔、车削单个内孔（通孔）、大直径外圆切断、车削外圆单个沉槽、车削外圆多排等距沉槽和镗孔等，它们刀路轨迹的共同特点是：沿 X 向或者 Z 向走刀。通过诸多实例的练习，可以掌握宏程序实现单向或往复平行刀路轨迹的思路和技巧，为后续复杂工件的宏程序编程应用打下基础。

2.1　实例 2-1 粗车端面宏程序应用

2.1.1　零件图及加工内容

加工零件如图 2-1 所示，毛坯为 ϕ20mm×55mm 的圆钢棒料，需要加工成 ϕ20mm×50mm 的销轴零件（即轴端车削 5mm），材料为 45 钢，试编制数控车加工宏程序代码。

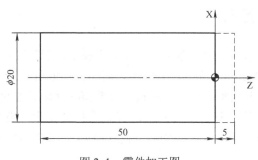

图 2-1　零件加工图

2.1.2 分析零件图

该实例要求车削成形一个 ϕ20mm×50mm 的销轴零件，Z 轴车削余量为 5mm，加工和编程之前需要考虑以下几方面：

1）机床：FANUC 系统数控车床。

2）装夹：自定心卡盘。

3）刀具：90°外圆车刀。

4）量具：0～150mm 游标卡尺。

5）编程原点：编程原点及其编程坐标系如图 2-1 所示。

6）车削端面方式：X 向直线单向切削；Z（轴）向的背吃刀量为 1mm。

7）设置切削用量见表 2-1。

表 2-1 车削端面工序卡

工序	主要内容	设备	刀具	切削用量		
				转速/（r/min）	进给量/（mm/r）	背吃刀量/ mm
1	车削端面	数控车床	90°外圆车刀	2000	0.2	1

2.1.3 分析加工工艺

该零件是车削端面的应用实例，其基本思路：刀具从起始位置（X21、Z5）快速移至加工位置（X21、Z4），X 轴（径向）进给至 X-1 完成一次端面车削，Z 轴沿正方向快速移动 1mm 后 X 轴再退刀至加工起点（车削端面，一般情况下 Z 轴先退刀，再控制 X 轴退刀或在安全的前提下 Z、X 轴联动退刀），Z 轴再次快速移至加工位置（X21、Z3），X 轴准备再次车削端面……如此循环完成车削端面（整个余量为 5mm）。

2.1.4 选择变量方法

根据选择变量基本原则及本实例具体加工要求，选择变量有以下几种方式：

1）该零件将 ϕ20mm×55mm 的圆棒料加工成 ϕ20mm×50mm 的销轴零件，在车削加工过程中，毛坯轴向尺寸（总长）由 55mm 逐渐减小至 50mm，且径向的尺寸不发生改变，符合变量设置原则：优先选择加工中"变化量"作为变量，因此选择"毛坯轴向尺寸"作为变量。设置#100 并赋初始值 55，控制毛坯轴向尺寸的变化。

2）在车削加工过程中，轴向加工余量由 5mm 逐渐减小至 0，"零件直径尺寸"不发生改变，符合变量设置原则：优先选择加工中"变化量"作为变量，因此选择加工余量作为变量。设置#100 并赋初始值 5 控制加工余量的变化。

3）由表 2-1 可知，粗车端面的背吃刀量为 1mm；从分析加工零件图及毛坯可知：加工余量 5mm，加工次数=加工余量/背吃刀量=5，且径向的尺寸不发生改变，符合变量设置原则，选择"标志变量""计数器"等辅助性变量作为变量。设置#100 并赋初始值 5 控制加工次数的变化。

从上述 1）～3）变量设置分析可知：确定变量的方式不是唯一的，但变量控制类型决定了程序流程图，同时也决定了宏程序代码。

本实例选择轴向"加工余量"作为变量进行叙述，其余请读者自行完成。

2.1.5　选择程序算法

车削端面采用宏程序编程时，需要考虑以下问题：一是怎样实现循环车削端面；二是怎样控制循环的结束（实现 Z 轴变化）。下面进行分析：

（1）实现循环车削端面　设置#100 = 5 控制轴向加工余量，通过#100 = #100–1实现 Z 轴每次进刀量（1mm）的变化。Z 轴快速移至 Z[#100]后，X 轴进给车削端面（刀尖需过零件中心），Z 轴沿正方向快速移动 1mm（G0 W1）后，X 轴快速移至加工起点，刀路轨迹图如图 2-2 所示。

（2）控制循环的结束　车削一次端面循环后，通过条件判断语句判断加工是否结束。若加工结束，则退出循环；若加工未结束，则 Z 轴再次快速移至 Z[#100]，X 轴再次进给至 X–1（车削端面），如此循环，形成整个车削端面的刀路循环。

2.1.6　绘制刀路轨迹

根据加工工艺分析及选择程序算法分析，绘制单一循环刀路轨迹如图 2-2 所示，绘制多层循环刀路轨迹如图 2-3 所示。

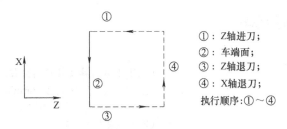

①：Z轴进刀；
②：车端面；
③：Z轴退刀；
④：X轴退刀；
执行顺序：①～④

图 2-2　车削端面单个刀路轨迹图

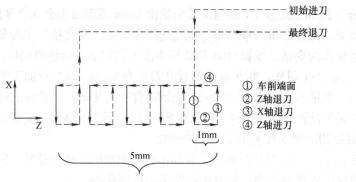

① 车削端面
② Z轴退刀
③ X轴退刀
④ Z轴进刀

图 2-3　车削端面多个刀路轨迹图

2.1.7　绘制流程图

根据以上算法设计和分析，绘制程序流程图如图 2-4 所示。

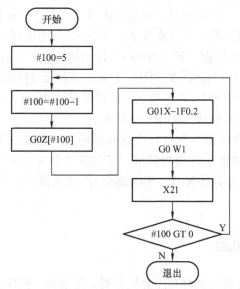

图 2-4　车削端面程序设计流程图

2.1.8　编制程序代码

O2001；
T0101；　　　　　　　　　　（调用 1 号刀具及其补偿参数）
M03 S2000；　　　　　　　　（主轴正转，转速为 2000r/min）
G0 X21 Z10；　　　　　　　 （X、Z 轴快速移至 X21 Z10）
Z5；　　　　　　　　　　　 （Z 轴快速移至 Z5）
M08；　　　　　　　　　　　（打开切削液）

#100 = 5;	（设置变量#100，控制轴向加工余量）
N10 #100 = #100−1;	（变量#100 依次递减 1mm）
G0 Z[#100];	（Z 轴快速移至 Z[#100]）
G01 X−1 F0.2;	（X 轴进给至 X−1）
G0 W1;	（Z 轴沿正方向快速移动 1mm）
X21;	（X 轴快速移至 X21）
IF [#100 GT 0] GOTO10;	（条件判断，若变量#100 的值大于 0，则跳转到标号为 10 的程序段处执行，否则执行下一程序段）
G0 X50 Z100;	（X、Z 轴快速移至 X50 Z100）
G28 U0 W0;	（X、Z 轴返回参考点）
M09;	（关闭切削液）
M05;	（关闭主轴）
M30;	

编程要点提示：

1）#100 = 5 变量语句控制加工零件余量。

采用宏程序编写加工程序代码时，设置变量、变量之间内在关系以及变量初始赋值，需要根据毛坯尺寸和零件加工要求来综合考虑。

2）车削一次端面循环后，通过#100=#100−1 实现自减运算，控制下一次 Z 轴切削起始位置。结合变量#100 的初始值详细分析如下：

①#100 控制 Z 轴加工余量，第一次车削#100=#100−1=5−1=4，即第一次车削端面在 Z4 处，X 轴进给至 X−1（车削端面），X、Z 轴退刀后，机床系统进行下述操作。

② 通过 IF [#100 GT 0] GOTO10，先判断变量#100 的值是否大于 0，若大于 0 则跳转到标号 10 的程序执行；若变量#100 的值小于或等于 0，程序顺序执行 IF [#100 GT 0] GOTO10 下一程序段。

③ 变量#100 的值为 4 大于 0，因此跳转到标号 10 处执行#100=#100−1=4−1=3，即第二次车削端面在 Z3 处，X 轴进给至 X−1（车削端面），X、Z 轴退刀……依次类推，当且仅当变量#100 的值小于或等于 0 时，机床顺序执行 IF [#100 GT 0] GOTO10 下一条语句 G0 X50 Z100，循环结束。

3）条件判断语句 IF [#100 GT 0] GOTO10 中的 GT 说明：

"GT"条件运算符的含义为"大于"，本实例对#100 通过 GT 条件判断与 0 进行比较。另外，注意 GE 和 GT 的区别有如下几点：

① GT 运算符的含义为"大于"，GE 含义为"大于或等于"。

② 试比较以下两段程序的区别：

```
程序 1：#100=5;              程序 2：#100=5;
       N10;                        N10;
       ……                        ……
       #100=#100−1;                #100=#100−1;
       IF [ #100 GE 0 ] GOTO10;    IF [ #100 GT 0] GOTO10;
       ……                        ……
```

分析可知：程序 1 执行 5 次，而程序 2 执行 4 次。

2.2 实例 2-2 粗车单外圆宏程序应用

2.2.1 零件图及加工内容

加工零件如图 2-5 所示，毛坯如图 2-6 所示，需要加工成 ϕ20mm×50mm 销轴零件，材料为 45 钢，试编制数控车加工宏程序代码。

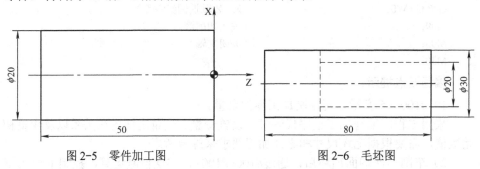

图 2-5　零件加工图　　　　　　　　图 2-6　毛坯图

2.2.2 分析零件图

该实例要求车削成形一个 ϕ20mm×50mm 的销轴零件，直径方向的加工余量为 10mm。加工和编程之前需要考虑合理选择机床类型、数控系统、装夹方式、切削用量和切削方式等（具体参阅 2.1.2 节内容），其中：

1）编程原点：编程原点及其编程坐标系如图 2-5 所示。

2）车削外圆方式：Z 向直线单向切削；X（轴）向背吃刀量为 2mm（直径）。

3）按照粗车、精车分开的工艺原则安排车削工序，具体切削用量见表 2-2，其中切断工序也可以采用宏程序编程方法，在后面章节做专门介绍，故本实例没有编排切断工序。

表 2-2　粗车单外圆工序卡

工序	主要内容	设备	刀具	切削用量		
				转速/（r/min）	进给量/（mm/r）	背吃刀量/mm
1	车削端面	数控车床	90°外圆车刀	2000	0.08	0.1
2	粗车外圆	数控车床	90°外圆车刀	2000	0.2	2

2.2.3 分析加工工艺

该零件是粗车外圆宏程序应用实例，其基本思路：X 轴从起刀点位置（X31 Z1）

快速移至第一次加工位置（X28 Z1），Z 轴（轴向）进给至 Z–55 完成一次粗车外圆，X 轴沿正方向快速移动 1mm（G0 U1）后、Z 轴退刀至（X29 Z1）（车削外圆，一般情况下 X 轴先退刀，再控制 Z 轴退刀或在安全的前提下 Z、X 轴联动退刀），X 轴快速移至第二次加工位置（X26 Z1），Z 轴准备再次车削外圆……如此循环完成车削外圆（整个余量为 10mm）。

2.2.4　选择变量方法

根据选择变量的方法及本实例的具体加工要求，选择变量有以下几种方式：

1）该零件将 ϕ30mm×80mm 的圆棒料加工成 ϕ20mm×50mm 的销轴零件。在车削加工过程中，毛坯直径径向尺寸由 30mm 逐渐减小至 20mm，且轴向的尺寸不发生改变，符合变量设置原则：优先选择加工中"变化量"作为变量，因此选择"毛坯直径尺寸"作为变量。设置#100 并赋初始值 30 控制毛坯直径变化。

2）在车削加工过程中，直径加工余量由 10mm 逐渐减小至 0，且轴向的尺寸不发生改变，符合变量设置原则：加工余量的变化作为变量。设置#100 并赋初始值 10，控制"直径加工余量"变化。

3）由表 2-2 可知，粗车外圆的背吃刀量为 2mm（直径）；从分析加工零件图及毛坯可知：加工余量 10mm，加工次数=加工余量/背吃刀量=5，且轴向尺寸不发生改变，符合变量设置原则，选择"标志变量""计数器"等辅助性变量作为变量。设置#100 并赋初始值 5，控制"加工次数"变化。

从上述 1）～3）变量设置分析可知，确定变量的方式不是唯一的，但变量控制类型决定了程序流程图，同时也决定了宏程序代码。

本实例选择"毛坯直径尺寸"变化作为变量进行叙述，其余请读者自行完成。

2.2.5　选择程序算法

车削外圆采用宏程序编程时，需要考虑以下问题：一是怎样实现循环车削外圆，二是怎样控制循环的结束（实现 X 轴变化）。下面进行分析：

（1）实现循环车削外圆　设置变量#100 赋初始值 30，控制毛坯直径尺寸。通过变量自减运算#100=#100−2 实现 X 轴每次进刀量（2mm）。X 轴快速移至 X28 后，Z 轴进给至 Z–55，X 轴沿正方向快速移动 1mm（G0 U1）后，Z 轴再退刀至 Z 轴加工起点（或 Z、X 轴联动退刀），X 轴再次快速移至 X26，Z 轴准备再次车削外圆……如此循环完成车削外圆（整个余量为 10mm）。

（2）控制循环的结束　车削一次外圆循环后，通过条件判断语句判断加工是否结束。若加工结束，则退出循环；若加工未结束，则 X 轴再次快速移至 X[#100]，Z 轴再次进给至 Z–55（车削外圆），如此循环，形成整个车削外圆的刀路循环。

2.2.6 绘制刀路轨迹

根据加工工艺分析及选择程序算法分析，绘制车削外圆单一循环刀路轨迹如图 2-7 所示，绘制车削外圆多层循环刀路轨迹如图 2-8 所示。

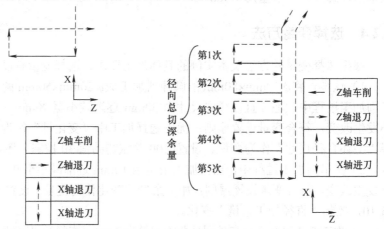

图 2-7 车削外圆单一循环刀路轨迹图   图 2-8 车削外圆多层循环刀路轨迹图

2.2.7 绘制流程图

根据以上算法设计和流程图分析，绘制程序流程图如图 2-9 所示。

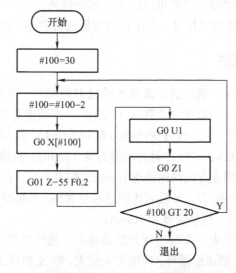

图 2-9 车削单外圆程序流程图

2.2.8　编制程序代码

程序 1：采用 IF 判断语句进行编程

O2002;	
T0101;	（调用 1 号刀具及其补偿参数）
M03 S2000;	（主轴正转，转速为 2000r/min）
G0 X31 Z10;	（X、Z 轴快速移至 X31 Z10）
Z1;	（Z 轴快速移至 Z1）
M08;	（打开切削液）
G01 Z0 F0.08;	（Z 轴进给至 Z0）
X–1;	（X 轴进给至 X–1）
G0 Z1;	（Z 轴快速移至 Z1）
X31;	（X 轴快速移至 X31）
#100 = 30;	（设置变量#100，控制零件 X 轴尺寸）
N10 #100 = #100–2;	（变量#100 依次减小 2mm）
G0 X[#100];	（X 轴快速移至 X[#100]）
G01 Z–55 F0.2;	（Z 轴进给至 Z–55）
G0 U1;	（X 轴沿正方向快速移动 1mm）
Z1;	（Z 轴快速移至 Z1）
IF [#100 GT 20] GOTO10;	（条件判断语句，若变量#100 的值大于 20，则跳转至标号为10 的程序段处执行，否则执行下一程序段）
G0 X100 Z100;	（X、Z 轴快速移至 X100 Z100）
G28 U0 W0;	（X、Z 轴返回参考点）
M09;	（关闭切削液）
M05;	（关闭主轴）
M30;	

程序 2：采用 WHILE …… DO …… 语句进行宏编程

O2003;	
T0101;	（调用 1 号刀具及其补偿参数）
M03 S2000;	（主轴正转，转速为 2000r/min）
G0 X31 Z10;	（X、Z 轴快速移至 X31 Z10）
Z1;	（Z 轴快速移至 Z1）
M08;	（打开切削液）
G01 Z0 F0.08;	（Z 轴进给至 Z0）
X–1;	（X 轴进给至 X–1）
G0 Z1;	（Z 轴快速移至 Z1）
X31;	（X 轴快速移至 X31）
#100 = 30;	（设置变量#100，控制零件 X 轴尺寸）
WHILE [#100 GT 20] DO1;	（循环语句，若变量#100 的值大于 20，在 WHILE 与 END1 之间循环，否则执行下一程序段）

#100 = #100-2;	（变量#100 依次减小 2mm）
G0 X[#100];	（X 轴快速移至 X[#100]）
G01 Z–55 F0.2;	（Z 轴进给至 Z–55）
G0 U1;	（X 轴沿正方向快速移动 1mm）
Z1;	（Z 轴快速移至 Z1）
END 1;	
G0 X100 Z100;	（X、Z 轴快速移至 X100 Z100）
G28 U0 W0;	（X、Z 轴返回参考点）
M09;	（关闭切削液）
M05;	（关闭主轴）
M30;	

2.2.9 编程总结

1）本实例编程过程虽然简单，但体现了宏程序编程的基本思路，可以作为学习宏程序入门的实例，其中设置合理的变量、合理的变量之间的运算和选择判断语句（控制指令）是宏程序编程的关键。

2）针对程序所用的变量数量、变量之间运算的不同要求，可以采用不同的判断语句来达到相同的编程要求和控制加工路径的目的。

3）变量判断或者决策常用多种方法，它们都可以达到相同的编程目的。从实例中分别运用了 IF 和 WHILE 判断语句进行了宏编程，它们的不同之处如图 2-10 所示，IF 语句是先执行循环体，然后做出判断；WHILE 语句先进行条件判断，然后再执行循环体。

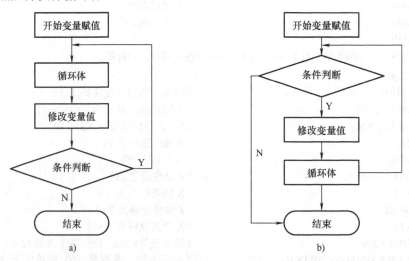

图 2-10　IF 语句和 WHILE 语句运行示意图

a）IF 语句运行示意图　b）WHILE 语句运行示意图

2.3　实例 2-3 精车单外圆宏程序应用

实例 2-2 介绍了单个外圆的宏程序应用实例（只有粗车程序，没有精车程序），在实际加工对加工表面粗糙度有要求时，需要按照粗、精车分开原则，所以在实例 2-2 的基础上，增加精车工序，这样的加工程序更有实用性。

在实际加工轴类零件时，如果对加工表面粗糙度以及加工表面有特殊要求时，通常将粗加工和精加工分开加工，钢件（不需要热处理以及其他特殊处理）车削 X 轴的精加工余量通常为 0.3～0.5mm，Z 轴精加工余量通常为 0.05～0.1mm。

2.3.1　分析零件图

在加工和编程之前需要考虑合理选择机床类型、数控系统、装夹方式、切削用量和切削方式（具体参阅 2.1.2 节内容）等，其中设置切削用量见表 2-3。

表 2-3　数控车削（包含粗车和精车外圆两个工序）工序卡

工序	主要内容	设备	刀具	切削用量		
				转速/(r/min)	进给量/(mm/r)	背吃刀量/ mm
1	车削端面	数控车床	90°外圆车刀	2000	0.08	0.1
2	粗车外圆	数控车床	90°外圆车刀	2000	0.2	2
3	精车外圆	数控车床	90°外圆车刀	3000	0.08	0.5

分析加工工艺、选择变量方法、选择程序算法等请读者参考实例 2-2 相关内容，在此仅叙述精加工部分刀路轨迹的编程思路。

2.3.2　选择变量方法

实例 2-3 精车外圆涉及粗加工直径尺寸变化、精加工余量变化两类变量。粗加工"直径尺寸变化"选择变量方法请读者参考实例 2-2 相关部分，在此仅叙述如何控制精加工余量选择变量方法。

在车削加工过程中，精加工余量由 0.5mm 减小至 0，且轴向的尺寸不发生改变，符合变量设置原则：加工余量的变化作为变量。设置 #110 并赋初始值 0.5，控制"精加工余量"的变化。

2.3.3　绘制流程图

根据加工工艺分析及选择程序算法分析，绘制程序图如图 2-11 所示。

2.3.4 绘制刀路轨迹

根据加工工艺分析及选择程序算法分析，绘制粗、精加工刀路轨迹如图 2-12 所示。

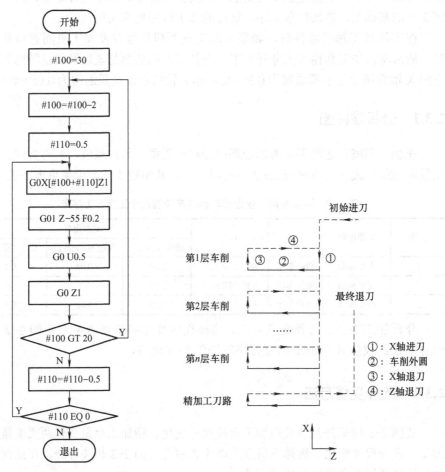

图 2-11 粗、精车外圆程序设计流程图　　　图 2-12 粗、精车外圆刀路轨迹图

2.3.5 编制程序代码

O2004；
T0101；　　　　　　　　　　　　　　（调用 1 号刀具及其补偿参数）
M03 S2000；　　　　　　　　　　　　（主轴正转，转速为 2000r/min）
G0 X51 Z10；　　　　　　　　　　　　（X、Z 轴快速移到 X51 Z10）

Z1；	（Z 轴移到 Z1）
M08；	（打开切削液）
G01 Z0 F0.2；	（Z 轴进给至 Z0）
X-1；	（X 轴进给至 X-1）
G0 Z1；	（Z 轴快速移至 Z1）
X51；	（X 轴快速移至 X51）
#110 = 0.5；	（设置变量#110，控制精加工余量）
#100 = 30；	（设置变量#100，控制零件 X 轴尺寸）
N10 #100 = #100-2；	（变量#100 依次减小 2mm）
N20 G0 X[#100+#110]；	（X 轴快速移至 X[#100+#110] ）
G01 Z-55 F0.2；	（Z 轴进给至 Z-55）
G0 U0.5；	（X 轴沿正方向快速移动 0.5mm）
Z1；	（Z 轴快速移至 Z1）
IF [#110 EQ 0] GOTO30；	（条件判断语句，若变量#110 的值等于 0，则跳转到标号为30的程序段处执行，否则执行下一程序段）
IF [#100 GT 20] GOTO10；	（条件判断语句，若变量#100 的值大于 20，则跳转到标号为10的程序段处执行，否则执行下一程序段）
G0 X100 Z100；	（X、Z 轴快速移至 X100 Z100）
G28 U0 W0 ；	（X、Z 轴返回参考点）
T0202；	（调用 2 号刀具及其补偿参数）
M03 S3000；	（主轴正转，转速为 3000r/min）
G0 X51 Z10；	（X、Z 轴快速移到 X51 Z10）
Z1；	（Z 轴移到 Z1）
#110 = #110-0.5；	（变量#110 依次减去 0.5mm）
IF [#110 EQ 0] GOTO20；	（条件判断语句，若变量#110 的值等于 0，则跳转到标号为20 的程序段处执行，否则执行下一程序段）
N30 G0 X100 Z100；	（X、Z 轴快速移至 X100 Z100）
G28 U0 W0 ；	（X、Z 轴返回参考点）
M09；	（关闭切削液）
M05；	（关闭主轴）
M30；	

2.3.6　编程总结

1）程序 O2004 为粗、精车外圆的宏程序代码，轴类零件粗、精加工宏程序编程的基本思路、算法可以参考此实例的编程思路。

2）设置变量#110 控制精加工余量，实际加工中变量#110 赋值数值是由该零件的精加工余量来确定的。

3）零件粗加工中，将加工轮廓刀路沿着 X 轴正方向整体平移 0.5mm，见程序 O2004 中的语句 G0 X[#100+#110]，粗加工结束后，通过#110 = #110−0.5，将精加工余量设置为 0。

4）条件判断语句 IF [#110 EQ 0] GOTO20，控制精加工跳转程序的执行。

5）精加工后，条件判断语句 IF [#110 EQ 0] GOTO30，使机床执行标号为 30 的程序段并跳出循环。

6）单外圆精加工实质：在粗加工时，将加工路径轨迹整体偏移一个精加工余量；在精加工时，将刀路轨迹偏移回原位（即偏移取消）。

2.4 实例 2-4 车削钻孔宏程序应用 1

2.4.1 零件图及加工内容

加工零件如图 2-13 所示，毛坯为 ϕ20mm×40mm 的圆钢棒料，在数控车床上加工通孔，直径为 ϕ8mm，材料为 45 钢，试编写数控车钻孔加工（等深度加工）宏程序代码。

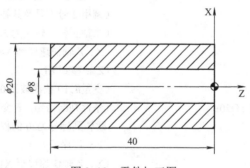

图 2-13 零件加工图

2.4.2 分析零件图

该实例要求数控车床钻孔，根据加工零件图以及毛坯尺寸，在加工和编程之前需要考虑合理选择机床类型、数控系统、装夹方式、切削用量和切削方式（具体参阅 2.1.2 节内容）等，其中：

1）刀具：①90°外圆车刀（1 号刀）；②ϕ12mm×90° 中心钻头（2 号刀）；

③ϕ8mm×50mm 硬质合金钻头（3 号刀）。

2）编程原点：编程原点及其编程坐标系如图 2-13 所示。

3）钻孔方式：直线进刀、进给和退刀，中间退刀排屑。

4）设置切削用量见表 2-4。

表 2-4　钻孔工序卡

工序	主要内容	设备	刀具	切削用量		
				转速/(r/min)	进给量/（mm/r）	背吃刀量/mm
1	车削端面	数控车床	90°外圆车刀	2500	0.2	0.2
2	钻定位孔	数控车床	ϕ12mm×90°（2 号刀）	350	0.05	1
3	钻ϕ8mm 孔	数控车床	ϕ8mm×50mm（3 号刀）	500	0.08	5（Z 轴）

2.4.3　分析加工工艺

数控车钻削孔加工步骤：钻中心孔→钻孔→镗孔，在此仅叙述钻孔，其中镗孔加工见实例 2-5。

1）钻中心孔选择 90°的钻头钻削中心孔，钻削中心孔的直径一般大于零件要求通孔的直径；若孔直径公差要求不高（无粗、精镗孔等加工工序时），钻中心孔的直径可以稍大于孔的直径 0.3～0.5mm（相当于孔口倒 0.3～0.5mm 的 45°斜角），若孔直径公差、孔圆度要求较高，则需要进行镗削加工。

2）钻孔加工步骤：选择适合孔加工的钻头→钻入一个深度→Z 轴快速退出零件表面（排屑）→ Z 轴快速进给至距上次钻孔深度 0.5mm 处→钻入一个深度→Z 轴快速退出零件表面（排屑）→如此循环，直到孔钻削完毕→退出钻孔循环。

2.4.4　选择变量方法

根据选择变量基本原则及本实例具体加工要求，选择变量有以下几种方式：

1）该零件钻削ϕ8mm×40mm 通孔。在钻削加工过程中，ϕ8mm 孔的深度由 0 逐渐增大至 40mm（未考虑钻尖长度），且径向的尺寸不发生改变，符合变量设置原则：优先选择加工中"变化量"作为变量，因此选择"加工孔的深度"作为变量。设置#100 并赋初始值 0，控制ϕ8mm 孔的初始深度。

2）由表 2-1 可知，钻削ϕ8mm 孔的背吃刀量为 5mm，从分析加工零件图及毛坯可知：钻削ϕ8mm 孔最终深度 40mm（未考虑钻尖长度），考虑加工次数=加工ϕ8mm 孔最终深度/背吃刀量=8，且径向的尺寸不发生改变，符合变量设置原则，选择"标志变量""计数器"等辅助性变量作为变量。设置#100 并赋初始值 5 控制加工次数的变化。

从上述 1）～2）变量设置分析可知：确定变量的方式不是唯一，但变量控制类型决定了程序流程图，同时也决定了宏程序代码。

本实例选择轴向"加工孔的深度"作为变量进行叙述，其余请读者自行完成。

2.4.5　选择程序算法

数控车钻削孔采用宏程序编程时，需要考虑以下问题：一是怎样实现循环钻孔，二是怎样控制循环的结束（实现 Z 轴变化）。下面进行分析：

（1）实现循环钻孔　设置变量#100 赋初始值 0，控制钻孔初始深度。通过变量自减运算：#100 = #100−5，实现每次钻孔深度 5mm；Z 轴进给至 Z[#100]→Z 轴快速移至 Z1→暂停 1s 后（排屑）→Z 轴快速进给至距上次钻孔深度 0.5mm 处，Z 轴再次进给至钻孔深度…如此循环完成钻孔深度（40mm）。

（2）控制循环的结束　Z 轴钻削一次孔循环后，通过条件判断语句，判断加工是否结束，若加工结束，则退出循环；若加工未结束，则 Z 轴再次快速移至 X[#100+5.5]，Z 轴再次进给至 Z[#100+0.5]，如此循环，形成整个钻削ϕ8mm 孔刀路轨迹。

2.4.6　绘制刀路轨迹

根据加工工艺分析及选择程序算法分析，绘制刀路轨迹如图 2-14 所示。

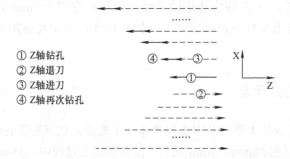

① Z轴钻孔
② Z轴退刀
③ Z轴进刀
④ Z轴再次钻孔

图 2-14　采用断屑方式钻孔刀路轨迹图

2.4.7　绘制流程图

根据加工工艺分析及选择程序算法分析，绘制流程图如图 2-15 所示。

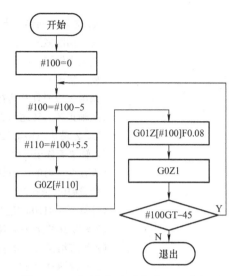

图 2-15　采用断屑方式程序设计流程图

2.4.8　编制程序代码

O2005；	
T0101；	（调用 1 号刀具及其补偿参数）
M03 S2500；	（主轴正转，转速为 2500r/min）
G0 X21 Z10；	（X、Z 轴快速移至 X21 Z10）
Z1；	（Z 轴快速移至 Z1）
M08；	（打开切削液）
G01 Z0 F0.2；	（Z 轴进给至 Z0）
X−1；	（X 轴进给至 X−1）
G0 Z1 X21；	（Z、X 轴快速移至 Z1 X21）
G28 U0 W0；	（X、Z 轴返回参考点）
M09；	（关闭切削液）
M05；	（关闭主轴）
M01；	（程序暂停）
T0202；	（调用 2 号刀具及其补偿参数）
M03 S350；	（主轴正转，转速为 350r/min）
G0 X0 Z10；	（X、Z 轴快速移至 X0 Z10）
Z1；	（Z 轴快速移至 Z1）
G01 Z−3 F0.05；	（Z 轴进给至 Z−3）
G0 Z10；	（Z 轴快速移至 Z10）
X100 Z100；	（X、Z 轴快速移至 X100 Z100）

G28 U0 W0;	（X、Z 轴返回参考点）
M09;	（关闭切削液）
M05;	（关闭主轴）
M01;	（程序暂停）
T0303;	（调用 3 号刀具及其补偿参数）
M03 S500;	（主轴正转，转速为 500r/min）
G0 X0 Z10;	（X、Z 轴快速移至 X0 Z10）
Z1;	（Z 轴快速移至 Z1）
#100 = 0;	（设置变量#100，控制加工深度）
N10 #100 = #100−5;	（变量#100 依次减少 5mm）
#110 = #100+5.5;	（计算变量#110 的值）
G0 Z[#110];	（Z 轴快速移至 Z[#110]）
G01 Z[#100] F0.08;	（Z 轴进给至 Z[#100]）
G0 Z1;	（Z 轴快速移至 Z1）
G04 X1;	（暂停 1s）
IF [#100 GT−45] GOTO10;	（条件判断语句，若变量#100 的值大于−45，则跳转到标号为10 的程序段处执行，否则执行下一程序段）
G0 X100 Z100;	（X、Z 轴快速移至 X100 Z100）
G28 U0 W0;	（X、Z 轴返回参考点）
M09;	（关闭切削液）
M05;	（关闭主轴）
M30;	（程序结束，返回到程序起始部分）

2.4.9　编程总结

1）钻入 5mm 后，刀具退出零件表面，机床暂停 1s，目的是将切屑及时排出，防止切屑黏刀。

2）刀具退出零件后，为了保证刀具安全，需要预留一定的安全距离，见程序中的语句#110=#100+5.5 和 G0 Z[#110]，程序 O2005 预留安全距离为 0.5mm。

2.5　实例 2-5 车削钻孔宏程序应用 2

实例 2-4 介绍了车削钻孔（等深度加工）宏程序应用实例，在实际加工（深孔加工）中，随着钻孔深度的增加，钻孔产生的热量、排屑、刀具磨损等逐渐加大。因此实际加工中背吃刀量应随着钻孔深度的增加按一定的规律递减，才能符合深孔钻孔工艺的要求。

2.5.1　零件图及加工内容

加工零件如图 2-16 所示，毛坯为 ϕ20mm×60mm 圆钢棒料，在数控车床上加工 ϕ8mm 通孔，材料为 45 钢，试编写数控车钻孔加工（按一定规律递减加工）宏程序代码。

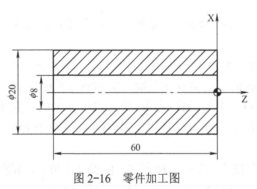

图 2-16　零件加工图

2.5.2　分析零件图

加工和编程之前需要考虑合理选择机床类型、数控系统、装夹方式、切削用量和切削方式（具体参阅 2.4.2 节内容）等，其中设置切削用量见表 2-5。

表 2-5　钻孔工序卡

工序	主要内容	设备	刀具	切削用量		
				转速/（r/min）	进给量/（mm/r）	背吃刀量/ mm
1	车削端面	数控车床	90°外圆车刀	2500	0.2	0.2
2	钻定位孔	数控车床	ϕ12mm×90°（2 号刀）	350	0.05	1
3	钻ϕ8mm 孔	数控车床	ϕ8mm×50mm（3 号刀）	500	0.08	0.8*[#102]

分析加工工艺等请读者参考实例 2-4 相关内容，在此仅叙述钻孔背吃刀量深度呈一定规律递减刀路轨迹的编程思路。

2.5.3　分析加工工艺

该零件是钻ϕ8mm 深 60mm 通孔的应用实例，其加工基本思路：设置变量 #102 赋初始值 5，控制（首次）钻孔深度。X 轴快速移至 X0，Z 轴从起刀点进给至#102后，Z轴快速移至Z1，暂停1s（排铁屑），Z轴再次快速移动至上次钻孔深度上方1mm处，Z轴准备再次进给至0.8*[#102]+1……如此循环，当钻孔背吃刀量小于等于2mm时，背吃刀量转换等深度进给，按此思路完成钻孔深度60mm。

2.5.4 选择变量方法

实例2-5钻孔"背吃刀量按一定规律递减"涉及钻孔深度、背吃刀量两个关键性变量。

（1）"钻孔深度"变量选择方法 该零件钻削ϕ8mm×60mm通孔。在钻削加工过程中，ϕ8mm孔的深度由0逐渐增大至60mm（未考虑钻尖长度），且径向的尺寸不发生改变，符合变量设置原则：优先选择加工中"变化量"作为变量，因此选择"加工孔的深度"作为变量。设置#100并赋初始值0，控制ϕ8mm孔的初始深度。

（2）"钻孔背吃刀量"变量选择方法 由表2-5可知，钻削ϕ8mm孔的背吃刀量为0.8*[#102]mm，从分析加工工艺可知：钻削ϕ8mm孔背吃刀量按照一定规律递减符合变量设置原则，优先选择加工中"变化量"作为变量。设置#102并赋初始值5，控制第一次钻孔背吃刀量。

从上述（1）～（2）变量设置分析可知：确定变量的方式不是唯一，但变量控制类型决定了程序流程图，同时也决定了宏程序代码。

本实例选择轴向"加工孔的深度"作为变量进行叙述，其余请读者自行完成。

2.5.5 选择程序算法

"按一定规律递减"钻深孔采用宏程序编程时，需要考虑以下问题：一是怎样实现钻孔循环，二是怎样控制循环的结束。下面进行分析：

（1）实现钻深孔循环 设置变量#102赋初始值5，控制Z轴首次钻孔深度。Z轴首次钻孔深度#102（10mm）后，Z轴快速退刀至安全平面（排铁屑），通过语句#102=0.8*#102计算下次钻孔深度，当钻孔背吃刀量小于等于3mm时，背吃刀量转换等深度进给（3mm）。

（2）控制钻孔循环结束 钻孔一次循环后，通过条件判断语句，判断加工是否结束。若加工结束，则退出循环；若加工未结束，则控制Z轴再次进给，如此循环，形成整个钻深孔刀路循环。

2.5.6 绘制刀路轨迹

根据加工工艺分析及选择程序算法分析，绘制刀路轨迹如图2-17所示。

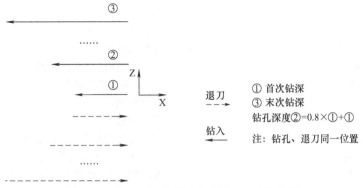

图 2-17　按一定规律递减方式钻孔刀路轨迹图

2.5.7　绘制流程图

根据加工工艺分析及选择程序算法分析，绘制流程图如图 2-18 所示。

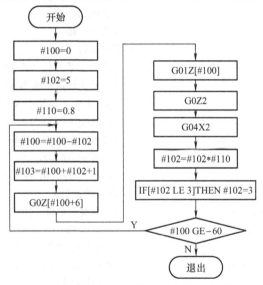

图 2-18　按一定规律递减程序设计流程图

2.5.8　编制程序代码

```
O2006；
T0101；                          （调用 1 号刀具及其补偿参数）
M03 S2500；                      （主轴正转，转速为 2500r/min）
G0 X21 Z10；                     （X、Z 轴快速移至 X21 Z10）
Z1；                             （Z 轴快速移至 Z1）
```

M08；	（打开切削液）
G01 Z0 F0.2；	（Z 轴进给至 Z0）
X–1；	（X 轴进给至 X–1）
G0 Z1 X21；	（Z、X 轴快速移至 Z1 X21）
G28 U0 W0；	（X、Z 轴返回参考点）
M09；	（关闭切削液）
M05；	（关闭主轴）
T0202；	（调用 2 号刀具及其补偿参数）
M03 S350；	（主轴正转，转速为 350r/min）
G0 X0 Z10；	（X、Z 轴快速移至 X0 Z10）
Z1；	（Z 轴快速移至 Z1）
G01 Z–3 F0.05；	（Z 轴进给至 Z–3）
G0 Z10；	（Z 轴快速移至 Z10）
Z100 X100；	（X、Z 轴快速移至 X100 Z100）
G28 U0 W0；	（X、Z 轴返回参考点）
M09；	（关闭切削液）
M05；	（关闭主轴）
M01；	（程序暂停）
T0303；	（调用 3 号刀具及其补偿参数）
M03 S500；	（主轴正转，转速为 500r/min）
G0 X0 Z10；	（X、Z 轴快速移至 X0 Z10）
Z1；	（Z 轴快速移至 Z1）
#100 = 0；	（设置变量#100，控制加工深度）
#102 = 5；	（设置变量#102，控制首次钻孔深度）
#110 = 0.8；	（设置变量#110，控制下一次钻孔和上次钻孔深度的比值）
N10 #100 = #100–#102；	（计算变量#100 的值）
#103 = #100+#102+1；	（计算变量#103 的值）
G0 Z[#103]；	（Z 轴快速移至 Z[#103]）
G01 Z[#100] F0.08 M08；	（Z 轴进给至 Z[#100] ）
G0 Z2；	（Z 轴快速移至 Z2）
G04 X2；	（暂停 2s）
#102 = #102*#110；	（计算变量#102 的值）
IF [#102 LE 3] THEN #102 = 3 ；	（条件赋值语句，若变量#102 的值小于或等于 3，则#102 重新赋值3）
IF [#100 GE–60] GOTO10；	（条件判断语句，若变量#100 的值大于或等于–60,则跳转到标号为 10 的程序段处执行，否则执行下一程序段）
G0 Z100；	（Z 轴快速移至 Z100）
X100；	（X 轴快速移至 X100）

G28 U0 W0;	（X、Z 轴返回参考点）
M09;	（关闭切削液）
M05;	（关闭主轴）
M30;	

2.5.9　编程总结

1）程序 O2006 采用宏程序编程实现钻孔深度按照一定规律递减方式，实际加工中随着钻孔深度逐渐增加，加工产生的热量和排屑的难度也在逐渐增加，最佳的解决方式是随着钻孔深度的增加，钻孔深度按照一定规律逐渐减小。

2）语句#102=#102*0.8 实现下一次钻孔深度是上次钻孔深度的0.8，条件赋值语句 IF[#102 LE 3] THEN #102 = 3 实现了最小钻孔深度为3mm。

3）#103 = #100+#102+1，变量#103 控制 Z 轴抬刀至安全平面（排铁屑）并暂停2s，若加工未结束，则 Z 轴快速进刀准备下次钻孔，预留安全距离为1mm。

2.6　实例 2-6 车削单个内孔（通孔）宏程序应用

2.6.1　零件图及加工内容

加工零件如图 2-19 所示，毛坯为ϕ62mm×42mm（底孔直径为20mm）的带孔圆盘，需要车削ϕ41mm×42mm 的内孔，材料为 45 钢，试编写数控车车削内孔（通孔）宏程序代码。

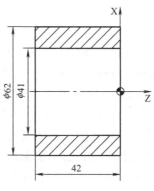

图 2-19　零件加工图

2.6.2　分析零件图

该实例要求数控车钻孔，根据加工零件图以及毛坯，加工和编程之前需要合理选择机床类型、数控系统、装夹方式、刀具、量具、切削用量和钻孔方式（具体参阅 2.1.2 节内容），其中：

1）刀具：①90°外圆车刀（1 号刀）；②通孔镗孔车刀（4 号刀，粗车内孔）；③通孔镗孔车刀（5 号刀，精车内孔）。

2）编程原点：编程原点及其编程坐标系如图 2-19 所示。

3）车削内孔方式：Z 向直线单向切削；X（轴）向背吃刀量为 2mm（直径）。

4）设置转速和进给量：见表 2-6。

表 2-6　车削通孔工序卡

工序	主要内容	设备	刀具	切削用量		
				转速/（r/min）	进给量/（mm/r）	背吃刀量/ mm
1	车削端面	数控车床	90°外圆车刀	2500	0.2	0.2
2	粗镗内孔	数控车床	粗镗刀（4 号刀）	1200	0.2	2
3	精镗内孔	数控车床	精镗刀（5 号刀）	2000	0.12	0.3

2.6.3　分析加工工艺

该零件是车削内孔宏程序应用实例，其基本思路：X 轴从起刀点位置快速移至加工位置（X21.7、Z1），Z 轴（轴向）进给至 Z-43 完成一次粗车内孔，X 轴沿负方向快速移动 1mm（G0 U-1）后、Z 轴退刀至 Z 轴加工起始位置，X 轴快速移至加工位置（X23.7），Z 轴准备再次车削内孔……如此循环完成车削内孔（直径方向的整个加工余量为 21mm）。

2.6.4　选择变量方法

根据选择变量的方法及本实例具体加工要求，选择变量有以下几种方式：

1）该实例加工成 ϕ41mm×42mm 的内孔零件。在车削加工过程中，底孔径向尺寸由 20mm 逐渐增大至 41mm，且轴向的尺寸不发生改变，符合变量设置原则：优先选择加工中"变化量"作为变量，因此选择毛坯"径向变化"作为变量。设置#100 并赋初始值为 20，逐渐变化去控制毛坯底孔的径向变化。

2）在车削加工过程中，加工余量由 21mm 逐渐减小至 0，且轴向的尺寸不发生改变，符合变量设置原则：加工余量的变化作为变量。设置#100 并赋初始值 21，控制"直径加工余量"变化。

3）由表 2-2 可知，粗镗内孔背吃刀量：2mm（直径）；从加工零件图及毛坯可知：加工余量 21mm，加工次数=加工余量/背吃刀量=10.5，且轴向尺寸不发生改变，符合变量设置原则：选择"标志变量""计数器"等辅助性变量作为变量。设置#100 并赋初始值 11，控制"加工次数"变化。

从上述 1）～3）变量设置分析可知，确定变量的方式不是唯一，但变量控制类型决定了程序流程图，同时也决定了宏程序代码。

本实例选择"毛坯底孔直径尺寸"作为变量进行叙述，其余请读者自行完成。

2.6.5　选择程序算法

车削内孔采用宏程序编程时，需要考虑以下问题：一是怎样实现循环车削内孔，二是怎样控制循环的结束（实现 X 轴变化）。下面进行分析：

（1）实现循环车削内孔　设置变量#100 赋初始值 20，控制预（底）孔直径尺寸。通过变量自加运算：#100=#100+2，实现 X 轴每次进刀量（2mm）。X 轴快速移至 X[#100]后，Z 轴进给至 Z-43，X 轴沿负方向快速移动 1mm（G0 U-1）后，Z 轴快速移至 Z1，X 轴再次快速移至加工位置（X2），Z 轴准备再次车削内孔……如此循环完成车削内孔（加工余量为 21mm）。

（2）控制循环的结束　车削一次内孔循环后，通过条件判断语句，判断加工是否结束。若加工结束，则退出循环；若加工未结束，则 X 轴再次快速移至 X[#100]，Z 轴再次进给至 Z-43（车削内孔），如此循环，形成整个车削外圆的刀路循环。

2.6.6　绘制刀路轨迹

根据加工工艺分析及选择程序算法分析，绘制单一刀路轨迹如图 2-20 所示，绘制分层车削内孔刀路轨迹如图 2-21 所示。

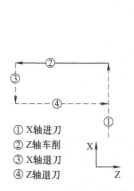

① X 轴进刀
② Z 轴车削
③ X 轴退刀
④ Z 轴退刀

图 2-20　车削内孔单一刀路轨迹图

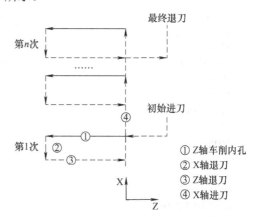

① Z 轴车削内孔
② X 轴退刀
③ Z 轴退刀
④ X 轴进刀

图 2-21　分层车削内孔刀路轨迹图

2.6.7　绘制流程图

根据加工工艺分析及选择程序算法分析，绘制流程图如图 2-22 所示。

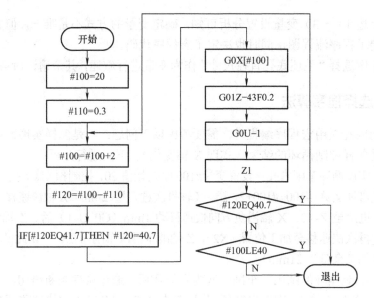

图 2-22　依据底孔直径程序设计流程图

2.6.8　编制程序代码

O2007;	
T0101;	（调用 1 号刀具以及补偿参数）
M03 S2500;	（主轴正转，转速为 2500r/min）
G0 X61 Z10;	（X、Z 轴快速移至 X61 Z10）
Z1;	（Z 轴快速移至 Z1）
M08;	（打开切削液）
G01 Z0 F0.2;	（Z 轴进给至 Z0）
X−1;	（X 轴进给至 X−1）
G0 Z1 X61;	（Z、X 轴快速移至 Z1 X61）
G28 U0 W0;	（X、Z 轴返回参考点）
M09;	（关闭切削液）
M05;	（关闭主轴）
M01;	（程序暂停）
T0404;	（调用 4 号刀具以及补偿参数）
M03 S1200;	（主轴正转，转速为 1200r/min）
G0 X19.7 Z10;	（X、Z 轴快速移至 X19.7 Z10）
G0 Z1;	（Z 轴快速移至 Z1 位置）
#100 = 20;	（设置变量#100，控制加工余量）
#110 = 0.3;	（设置变量#110，控制精加工余量）
#200 = 0.2;	（设置变量#200，控制进给量）
N10 #100 = #100+2;	（#100 号变量依次增加 2mm）
N20 #120 = #100−#110;	（计算#120 号变量，每次 X 向进刀量）
IF [#120 EQ 41.7] THEN #100 = 40.7;	（条件赋值语句，若#120 号变量的值等于

	41.7，#120 号变量重新赋值 40.7）
G0 X[#120]；	（X 轴快速移至 X[#120]）
G01 Z–43 F#200；	（Z 轴进给至 Z–43）
IF [#110 EQ 0] GOTO30；	（条件判断语句，若#110 号变量的值等于 0，则跳转到标号为 30 的程序段处执行，否则执行下一程序段）
G0 U–0.5；	（X 轴沿负方向快速移动 0.5mm）
Z1；	（Z 轴快速移至 Z1）
IF [#120 EQ 40.7] GOTO50；	（条件判断语句，若#120 号变量的值等于 40.7，则跳转到标号为 50 的程序段处执行，否则执行下一程序段）
IF [#100 LE 40] GOTO10；	（条件判断语句，若#100 号变量的值小于等于 40，则跳转到标号为10 的程序段处执行，否则执行下一程序段）
N50 G0 Z100；	（Z 轴快速移至 Z100）
X100；	（X 轴快速移至 X100）
G28 U0 W0；	（X、Z 轴返回参考点）
M09；	（关闭切削液）
M05；	（关闭主轴）
M01；	
T0505；	（调用 5 号刀具以及补偿参数）
M03 S2000；	（主轴正转，转速为 2000r/min）
G0 X20 Z10；	（X、Z 轴快速移至 X20 Z10）
G0 Z1；	（Z 轴快速移至 Z1）
#110 = #110–0.3；	（#110 号变量依次减去 0.3mm）
#200 = 0.05；	（#200 号变量重新赋值）
IF [#110 EQ 0] GOTO20；	（条件判断语句，若#110 号变量的值等于 0，转到标号为20 的程序段处执行，否则执行下一程序段）
N30 G0 U–0.5；	（X 轴沿负方向快速移动 0.5mm）
G0 Z100；	（Z 轴快速移至 Z100）
X100；	（X 轴快速移至 X100）
G28 U0 W0；	（X、Z 轴返回参考点）
M09；	（关闭切削液）
M05；	（关闭主轴）
M30；	

2.6.9　编程总结

1）从车削内孔的加工工艺来分析：镗孔加工是从小到大加工的，因此#100 号变量的初始值赋值 20，最终加工尺寸是结束循环判断的依据（注意与车外圆的区别）。

2）通过#120=#100–#110 计算每层车削内孔 X 轴的切削位置。车削一层内孔后，通过#100=#100+2 实现了下次车削的循环过程，再通过条件判断语句 IF [#100 LT 20] GOTO10 实现车削内孔的整个循环过程。

3）设置#110号变量控制精加工的加工余量。粗加工后，通过语句#110=#110−0.3 以及条件判断语句 IF [#110 EQ 0] GOTO20，实现了精车内孔循环过程。

4）在内孔精加工后，通过条件判断语句 IF [#110 EQ 0] GOTO30 结束加工循环。

2.7 实例2-7 大直径外圆切断宏程序应用

2.7.1 零件图及加工内容

加工零件如图 2-23 所示，毛坯为 $\phi50mm\times100mm$ 的棒料，要求切断外圆得到尺寸为 $\phi50mm\times20mm$ 的零件，材料为 45 钢，试编写数控车切断大直径外圆的宏程序代码。

2.7.2 分析零件图样

该实例要求数控大直径外圆切断，根据加工零件图以及毛坯，加工和编程之前需要合理选择机床类型、数控系统、装夹方式、刀具、量具、切削用量和钻孔方式（具体参阅 2.1.2 节内容），其中：

1）刀具：切槽刀，刀宽为 4mm。

2）编程原点：编程原点及其编程坐标系如图 2-23 所示。

3）切断方式：Z 轴左右再次进给切削法；X（轴）向背吃刀量为 2mm（直径）。

4）设置切削用量见表 2-7 所示。

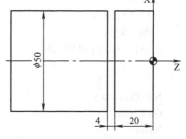

图 2-23 零件加工图

表 2-7 数控加工切断的工序卡

工序	主要内容	设备	刀具	切削用量		
				转速/（r/min）	进给量/（mm/r）	背吃刀量/mm
1	切槽	数控车床	切槽刀	350	0.05	2

2.7.3 分析加工工艺

该零件是大直径外圆切断的应用实例，其基本思路：Z 轴快速移至加工位置，

X 轴切入（一层深度）零件→X 轴直线退出→Z 轴右（正）方向进给 1 个进给量
→X 轴再次切入（一层深度）零件→X 轴直线退出→Z 轴左（负）方向进给 2 个
进给量→X 轴再次切入零件→Z 轴沿着正方向切削 2 倍的进给量……如此循环完
成大直径外圆切断。

2.7.4　选择变量方式

根据选择变量基本原则及本实例具体加工要求，选择变量有以下几种方式：

1）该零件大直径外圆切断。在车削加工过程中，零件直径向尺寸由 50mm
逐渐减小至 0，且轴向的尺寸不发生改变，符合变量设置原则：优先选择加工中
"变化量"作为变量，因此选择"毛坯直径尺寸"作为变量。设置#100 并赋初始
值 50，控制毛坯直径尺寸的变化。

2）在车削加工过程中，零件直径加工余量由 50mm 逐渐减小至 0，零件
轴向尺寸不发生改变，符合变量设置原则：优先选择加工中"变化量"作为变
量，因此选择加工余量作为变量。设置#100 并赋初始值 50，控制加工余量的
变化。

3）由表 2-7 可知，切断背吃刀量为 2mm，从分析加工零件图及毛坯可知：
加工余量为 50mm，加工次数=加工余量/背吃刀量=25，且径向的尺寸不发生改变，
符合变量设置原则，选择"标志变量""计数器"等辅助性变量作为变量。设置#100
并赋初始值 25，控制加工次数的变化。

从上述 1）～3）变量设置分析可知：确定变量的方式不是唯一，但变量控制
类型决定了程序流程图，同时也决定了宏程序代码。

本实例选择"加工次数"作为变量进行叙述，其余请读者自行完成。

2.7.5　选择程序算法

大直径外圆切断采用宏程序编程时，需要考虑以下问题：一是怎样实现循环
车削循环；二是怎样控制循环的结束（实现 X 轴变化）。下面进行分析：

（1）实现循环车削循环　设置#100=25 控制加工次数，通过 G01U-2 实现 X
轴每次进刀量（2mm）的变化。Z 轴快速移至加工位置后，X 轴沿负方向进给 2mm，
X 轴沿正方向快速移动 2.5mm，Z 轴沿负方向快速移动 1mm，X 轴再次沿负方向
进给 2mm，X 轴沿正方向快速移动 2.5mm，Z 轴沿正方向快速移动 2mm，X 轴再
次沿负方向进给 2mm，Z 轴沿负方向进给 2mm。

（2）控制循环的结束　车削一次循环后，通过条件判断语句判断加工是否结
束。若加工结束，则退出循环；若加工未结束，则再次进行车削循环……如此循

环形成整个切断循环。

2.7.6 绘制刀路轨迹

根据加工工艺分析及选择程序算法分析，绘制单一循环刀路轨迹如图 2-24 所示，绘制多层循环刀路轨迹如图 2-25 所示。

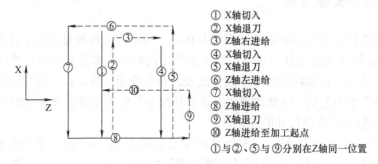

① X轴切入
② X轴退刀
③ Z轴右进给
④ X轴切入
⑤ X轴退刀
⑥ Z轴左进给
⑦ X轴切入
⑧ Z轴进给
⑨ X轴退刀
⑩ Z轴进给至加工起点
①与②、⑤与⑨分别在Z轴同一位置

图 2-24　左右进给切断刀路轨迹图

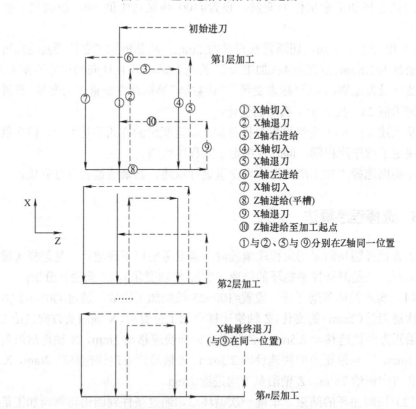

① X轴切入
② X轴退刀
③ Z轴右进给
④ X轴切入
⑤ X轴退刀
⑥ Z轴左进给
⑦ X轴切入
⑧ Z轴进给(平槽)
⑨ X轴退刀
⑩ Z轴进给至加工起点
①与②、⑤与⑨分别在Z轴同一位置

图 2-25　分层左右进给循环刀路轨迹图

2.7.7　绘制流程图

根据加工工艺分析及选择程序算法分析，绘制流程图如图 2-26 所示。

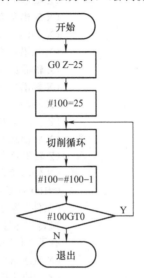

图 2-26　切断程序设计流程图

2.7.8　编制程序代码

O2008	
T0101；	（调用 1 号刀具及其补偿参数）
M03 S2500；	（主轴正转，转速为 2500r/min）
G0 X51 Z10；	（X、Z 轴快速移至 X51 Z10）
Z1；	（Z 轴快速移至 Z1）
M08；	（打开切削液）
G01 Z0 F0.2；	（Z 轴进给至 Z0 处）
X−1；	（X 轴进给至 X−1）
G0 Z1 X51；	（Z、X 轴快速移至 Z1 X51 ）
G28 U0 W0；	（X、Z 轴返回参考点）
M09；	（关闭切削液）
M05；	（关闭主轴）
M01；	（程序暂停）
T0202；	（调用 2 号刀具及其补偿参数）
M03 S350；	（主轴正转，转速为 350r/min）
G0 X51 Z10；	（X、Z 轴快速移至 X51 Z10）
Z−25；	（Z 轴快速移至 Z−25）
M08；	（打开切削液）
G01 X50 F0.2；	（X 轴进给至 X50）

```
#100 = 25；                    （设置变量#100，控制加工次数）
N100 G01 U−2 F0.03；           （X轴沿负方向进给2mm）
G0 U2.5；                      （X轴沿正方向快速移动2.5mm）
W1；                           （Z轴沿正方向快速移动1mm）
G01 U−0.5 F0.5；               （X轴沿负方向进给0.5mm）
U−2 F0.03；                    （X轴沿负方向进给2mm）
G0 U2.5；                      （X轴沿正方向快速移动2.5mm）
W−2；                          （Z轴沿负方向快速移动2mm）
G01 U−0.5 F0.5；               （X轴沿负方向进给0.5mm）
U−2 F0.03；                    （X轴沿负方向进给2mm）
W2；                           （Z轴沿正方向进给2mm）
G0 U0.5；                      （X轴沿正方向快速移动0.5mm）
W−1；                          （Z轴沿负方向快速移动1mm）
G01 U−0.5；                    （X轴沿负方向进给0.5mm）
#100 = #100−1；                （#100号变量依次减去1）
IF [#100 GT 0] GOTO100；       （条件判断语句，若变量#100的值大于0，则
                                跳转到标号为100的程序段处执行，否则执
                                行下一程序段）

G01 X65 F1；                   （X轴进给至X65）
G0 Z100；                      （Z轴快速移至Z100）
G28 U0 W0；                    （X、Z轴返回参考点）
M09；                          （关闭切削液）
M05；                          （关闭主轴）
M30；
```

2.7.9 编程总结

1）程序设置变量#100赋初始值25控制加工次数，变量#100赋值的依据：切削次数=切削总的余量/背吃刀量。

2）大直径外圆切断以X向进给为主、Z轴向进给为辅的编程方式，其进给方式与车削外圆、锥度、圆弧等略有不同。

3）Z轴再次进给的思路在车削槽、大螺距螺纹、梯形螺纹、变距螺纹等应用较为广泛。

2.8 实例2-8 车削外圆单个沉槽宏程序应用

2.8.1 零件图及加工内容

加工零件如图2-27所示，毛坯为φ40mm×70mm。要求车削5mm×5mm沉槽，材料为45钢，试编写数控车单个沉槽宏程序代码。

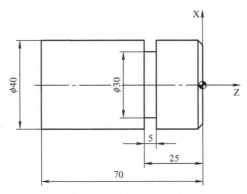

图 2-27　零件主要尺寸

2.8.2　分析零件图

该实例要求数控车削外圆单个矩形沉槽，根据加工零件图以及毛坯，加工和编程之前需要合理选择机床类型、数控系统、装夹方式、刀具、量具、切削用量和钻孔方式（具体参阅 2.1.2 节内容），其中：

1）刀具：切槽刀，刀宽为 4mm。

2）装夹方式：自定心卡盘，采用"一夹一顶"方式。

3）编程原点：编程原点及其编程坐标系如图 2-27 所示。

4）切断方式：Z 轴左右再次进给切削法；X（轴）向背吃刀量为 2mm（直径）。

5）设置切削用量见表 2-8。

表 2-8　数控车削沉槽的工序卡

工序	主要内容	设备	刀具	切削用量		
				转速/（r/min）	进给量/（mm/r）	背吃刀量/mm
1	车削外圆	数控车床	90°外圆车刀	500	0.15	1
2	车削端面	数控车床	90°外圆车刀	600	0.08	0.1
3	切槽	数控车床	切槽刀	350	0.04	2

2.8.3　分析加工工艺

该零件是车削外圆沉槽应用实例，其基本思路：Z 轴快速移至加工位置，X 轴切入（一层深度）零件→X 轴直线退出→Z 轴右（正）方向进给 1 个进给量→X 轴再次切入（一层深度）零件→Z 轴沿着负方向切削 1 倍的进给量……如此循环完成车削外圆沉槽。

选择变量方式、选择程序算法请读者参考实例 2.7，在此不再赘述。

2.8.4　绘制刀路轨迹

根据加工工艺分析及选择程序算法分析，绘制单一循环刀路轨迹如图2-28 所示，绘制多层循环刀路轨迹如图 2-29 所示。

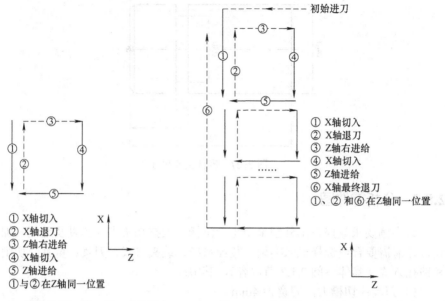

① X轴切入
② X轴退刀
③ Z轴右进给
④ X轴切入
⑤ Z轴进给
① 与②在Z轴同一位置

① X轴切入
② X轴退刀
③ Z轴右进给
④ X轴切入
⑤ Z轴进给
⑥ X轴最终退刀
①、②和⑥在Z轴同一位置

图 2-28 车削外圆沉槽一层刀路轨迹　　图 2-29 车削外圆沉槽多层刀路轨迹

2.8.5 绘制流程图

根据加工工艺分析及选择程序算法分析，绘制流程图如图 2-30 所示。

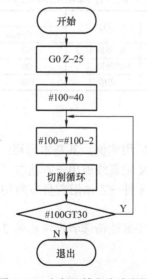

图 2-30 车削沉槽程序流程图

2.8.6　编制程序代码

O2009;	
T0101;	（调用 1 号刀具及其补偿参数）
M03 S500;	（主轴正转，转速为 500r/min）
G0 X41 Z10;	（X、Z 轴快速移至 X41 Z10）
Z1;	（Z 轴快速移至 Z1）
M08;	（打开切削液）
G01 Z0 F0.2;	（Z 轴进给至 Z0）
X–1;	（X 轴进给至 X–1）
G0 Z1 X41;	（Z、X 轴快速移至 Z1 X41 ）
G28 U0 W0;	（X、Z 轴返回参考点）
M09;	（关闭切削液）
M05;	（关闭主轴）
M01;	（程序暂停）
T0202;	（调用 2 号刀具以及补偿参数）
M03 S350;	（主轴正转，转速为 350r/min）
G0 X51 Z10;	（X、Z 轴快速移至 X51 Z10）
Z–25;	（Z 轴快速移至 Z–25）
M08;	（打开切削液）
G01 X40 F0.2;	（X 轴进给至 X40）
#100 = 40;	（设置#100 号变量，控制加工次数）
N100 #100 = #100–2;	（#100 号变量依次减去 2）
G01 X[#100] F0.03;	（X 轴进给至 X[#100]）
G0 X[#100+2.5];	（X 轴快速移至 X[#100+2.5]）
W1;	（Z 轴沿正方向快速移动 1mm）
G01 U–0.5 F0.5;	（X 轴沿负方向进给 0.5mm）
X[#100] F0.03;	（X 轴进给至 X[#100]）
W–1;	（Z 轴沿负方向进给 1mm）
IF [#100 GT 30] GOTO100;	（条件判断语句，若#100 号变量的值大于 30，则跳转到标号为 100 的程序段处执行，否则执行下一程序段）
G01 X65 F1;	（X 轴进给至 X65）
G0 Z100;	（Z 轴快速移至 Z100）
G28 U0 W0;	（X、Z 轴返回参考点）
M09;	（关闭切削液）
M05;	（关闭主轴）
M30;	

2.8.7 编程总结

1）程序设置#100 号变量赋初始值 40 控制外圆直径值，判断语句 IF [#100 GT 30] GOTO100 控制切槽循环。

2）根据车削加工工艺和实际加工经验，车削外圆沉槽的方法可分以下几种：

①沉槽的槽深和槽宽小于 4mm，可以选择刀宽等于槽宽的切断刀，采用"直进法"加工沉槽；②沉槽的槽深小于 4mm，槽宽度大于 4mm，可以选择刀宽小于槽宽的切断刀，采用"左右进给法"加工沉槽；③沉槽的槽深大于 4mm、槽宽不大于 4mm，可以选择刀宽等于槽宽的切断刀，采用"分层进给法"加工沉槽；④沉槽的槽大于 4mm、槽宽大于 8mm，可以选择刀宽小于槽宽的切断刀，采用"左右进给分层车削"加工沉槽。

3）Z 轴再次进给量由槽宽尺寸减去刀宽尺寸所得。

2.9 实例 2-9 车削外圆多排等距沉槽宏程序应用

2.9.1 零件图及加工内容

加工零件如图 2-31 所示的工件需要加工出 5 个等距沉槽，每个槽之间的间距均为 10mm，材料为 45 钢，编制车削多排等距沉槽的子程序和宏程序。

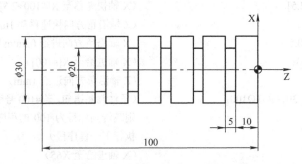

图 2-31 零件主要尺寸及其三维造型图

2.9.2 分析零件图

该实例要求数控车削外圆多排等距沉槽，根据加工零件图以及毛坯，加工和编程之前需要合理选择机床类型、数控系统、装夹方式、刀具、量具、切削用量和钻孔方式（具体参阅 2.1.2 节内容），其中：

1）刀具：切槽刀，刀宽为 4mm。

2）装夹方式：普通自定心卡盘，采"一夹一顶"方式。

3）编程原点：编程原点及其编程坐标系如图 2-31 所示。

4）切断方式：Z 轴左右再次进给切削法；X（轴）向背吃刀量为 2mm（直径）。

5）设置切削用量见表 2-9。

表 2-9　数控车削多排等距沉槽的工序卡

工序	主要内容	设备	刀具	切削用量		
				转速/（r/min）	进给量/（mm/r）	背吃刀量/mm
1	切槽	数控车床	切槽刀	350	0.03	2

2.9.3　分析加工工艺

该零件是车削外圆多排等距沉槽应用实例，其基本思路：刀具从起点快速移至第一个（靠近端面）槽加工位置，X 轴切入（一层深度）零件→X 轴直线退出→Z 轴右（正）方向进给 1 个进给量→X 轴再次切入（一层深度）零件→Z 轴沿着负方向切削 1 倍的进给量……如此反复完成一个槽的加工后，X 轴快速移至 X32，Z 轴沿负方向快速移动 10mm，准备进行下一个沉槽的加工……如此反复最终完成整个零件的加工。

2.9.4　选择变量方法

根据选择变量基本原则及本实例具体加工要求，本实例涉及加工变量：加工槽直径变化量、加工槽位置（Z）轴向变化量。

1. 加工槽直径变化量

1）该零件是车削外圆多排等距沉槽应用实例。在车削加工过程中，零件直径尺寸由 30mm 逐渐减小至 20mm，且轴向的尺寸不发生改变，符合变量设置原则：优先选择加工中"变化量"作为变量，因此选择"零件直径尺寸"作为变量。设置 #100 并赋初始值 30，控制毛坯直径尺寸的变化。

2）在车削加工过程中，直径加工余量由 10mm 逐渐减小至 0，"零件轴向尺寸"不发生改变，符合变量设置原则：优先选择加工中"变化量"作为变量，因此选择加工余量作为变量。设置#100 并赋初始值 10 控制加工余量的变化。

3）由表 2-9 可知，切槽背吃刀量为 2mm；从分析加工零件图及毛坯可知：加工余量为 10mm，加工次数=加工余量/背吃刀量=5，且径向的尺寸不发生改变，符合变量设置原则，选择"标志变量""计数器"等辅助性变量作为变量。设置#100 并赋初始值 5 控制加工次数的变化。

从上述 1）～3）变量设置分析可知：确定变量的方式不是唯一，但变量控制类型决定了程序流程图，同时也决定了宏程序代码。

本实例选择"零件直径尺寸"作为变量进行叙述，其余请读者自行完成。

2. 加工槽位置（Z）轴向变化量

1）该零件是车削外圆多排等距沉槽应用实例。在加工完成一个沉槽后，Z 轴快速移至下一个沉槽加工位置，Z 轴值由–15 逐渐递减至–75，符合变量设置原则：优先选择加工中"变化量"作为变量，因此选择"Z 轴"作为变量。设置#101 号变量并赋初始值–5，控制第一个沉槽即 Z 轴加工起始位置。

2）由图 2-31 可知，加工槽数量为 5。加工完成一个槽，槽的总数减少 1。符合变量设置原则，选择"标志变量""计数器"等辅助性变量作为变量。设置#100 并赋初始值 5 控制加工槽的总数。

从上述 1）～2）变量设置分析可知：确定变量的方式不是唯一，但变量控制类型决定了程序流程图，同时也决定了宏程序代码。

本实例选择"Z 轴"作为变量进行叙述，其余请读者自行完成。

2.9.5 选择程序算法

车削外圆多排等距沉槽采用宏程序编程时，需要考虑以下问题：一是怎样实现加工槽时直径变化；二是怎样实现加工槽时 Z（轴）向变化（加工槽的 Z 轴起始位置）。下面进行分析：

（1）怎样实现加工槽时直径变化 请读者参考实例 2.7 大直径外圆切断，选择程序算法所述，在此为了节省篇幅，不再赘述。

（2）怎样实现加工槽时 Z（轴）向变化

1）设置#101＝–15 控制第一个沉槽 Z 轴加工起始位置，加工完成一个沉槽后，通过变量自减语句：#101＝#101–15、G0 Z[#101]，刀具快速移至下一个沉槽（Z 轴）加工起始位置，准备加工下一个沉槽……如此循环，完成外圆多排等距沉槽。

2）控制循环的结束。车削一次循环后，通过条件判断语句，判断加工是否结束？若加工结束，则退出循环；若加工未结束，则再次进行车削循环……如此循环，完成加工外圆多排等距沉槽。

2.9.6　绘制刀路轨迹

根据加工工艺分析及选择程序算法分析，绘制多层循环刀路轨迹如图 2-32 所示。

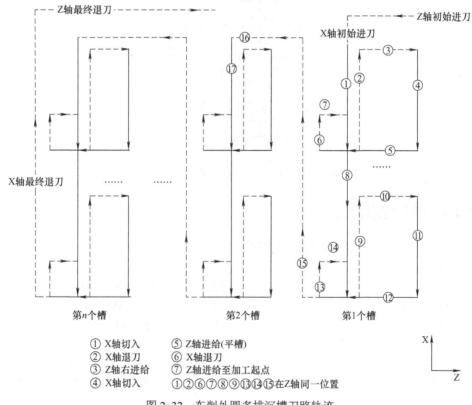

① X轴切入	⑤ Z轴进给(平槽)
② X轴退刀	⑥ X轴退刀
③ Z轴右进给	⑦ Z轴进给至加工起点
④ X轴切入	①②⑥⑦⑧⑨⑬⑭⑮在Z轴同一位置

图 2-32　车削外圆多排沉槽刀路轨迹

2.9.7　绘制流程图

根据加工工艺分析及选择程序算法分析，绘制流程图如图 2-33 所示。

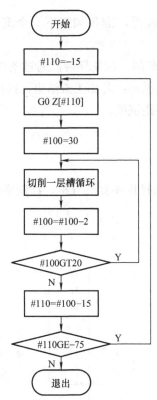

图 2-33　车削外圆多排等距沉槽程序设计流程图

2.9.8　编制程序代码

程序 1：采用子程序编写程序代码

O2010；

T0202；　　　　　　　　　　　　　（调用 2 号刀具以及补偿参数）

M03 S350；　　　　　　　　　　　（主轴正转，转速为 350r/min）

G0 X32 Z10；　　　　　　　　　　（X、Z 轴快速移至 X32 Z10）

M08；　　　　　　　　　　　　　（打开切削液）

G0 Z0；　　　　　　　　　　　　（Z 轴快速移至 Z0）

M98 P52011；　　　　　　　　　　（调用子程序，调用程序号 O2011；调用次数为 5 次）

G0 X100；　　　　　　　　　　　（X 轴快速移至 X100）

G0 Z100；　　　　　　　　　　　（Z 轴快速移至 Z100）

G28 U0 W0；　　　　　　　　　　（X、Z 轴返回参考点）

M09；　　　　　　　　　　　　　（关闭切削液）

M05；　　　　　　　　　　　　　（关闭主轴）

M30；

……

O2011；	（一级子程序名）
G01 W−15；	（Z 轴沿负方向快速移动 15mm）
M98 P52012；	（调用子程序，子程序号为 O2012，调用次数为 5 次）
G01 X32；	（X 轴进给至 X32）
M99；	（子程序调用结束，返回主程序）

……

O2012；	（二级子程序名）
G01 U−2 F0.03；	（X 轴沿负方向进给 2mm）
G0 U2.5；	（X 轴沿正方向快速移动 2.5mm）
W1；	（Z 轴沿正方向快速移动 1mm）
G01 U−0.5 F0.5；	（X 轴沿负方向进给 0.5mm）
U−2 F0.03；	（X 轴沿负方向进给 2mm）
W−1；	（Z 轴沿负方向快速移动 1mm）
M99；	

编程总结：

1）采用子程序嵌套方法，不但主程序中可以调用子程序，子程序也可以调用二级子程序，在 FANUC−0i 系统中最多可以嵌套 4 层子程序。

2）采用子程序嵌套进行编程，要衔接好它们之间的顺序关系。如本例中先调用 O2011，即轴向先进刀，再调用 O2012 程序进行切槽，它们之间的顺序是不可以颠倒的

程序 2：采用宏程序编写程序代码

O2013；	
T0202；	（调用 2 号刀具以及补偿参数）
M03 S350；	（主轴正转，转速为 350r/min）
G0 X32 Z10；	（X、Z 轴快速移至 X32 Z10）
M08；	（打开切削液）
G0 Z0；	（Z 轴快速移至 Z0）
#110 =−15；	（设置#110号变量赋初始值−15，控制槽的 Z 向位置）
N10 G0Z[#110]；	（Z 轴快速移至 Z [#110]）
#100 = 30；	（设置#100 号变量并赋初始值 30，控制外圆直径）
N20 G01 X[#100] F0.03；	（X 轴进给至 X[#100] ）
G0 X[#100+2.5]；	（X 轴快速移至 X[#100+2.5]）

W1;	（Z 轴沿正方向快速移动 1mm）
G01 X[#100] F0.03;	（X 轴进给至 X[#100] ）
W−1;	（Z 轴沿负方向快速移动 1mm）
#100 = #100−2;	（#100 号变量依次减小 2mm）
IF [#100 GT20] GOTO 20;	（条件判断语句，若#100 变量的值大于 20，则跳转到标号为 20 的程序段处执行，否则执行下一程序段）
G01 X32 F0.4;	（X 轴进给至 X32）
#110 = #110−15;	（#110 号变量依次减小 15）
IF [#110 GE−75] GOTO 10;	（条件判断语句，若#110 变量的值大于等于−75，则跳转到标号为 10 的程序段处执行，否则执行下一程序段）
G0 X100;	（X 轴快速移至 X100）
G0 Z100;	（Z 轴快速移至 Z100）
G28 U0 W0;	（X、Z 轴返回参考点）
M09;	（关闭切削液）
M05;	（关闭主轴）
M30;	

编程总结：

1）本实例切槽思路为：先轴向移动到切槽的位置，切槽，切到槽底后径向退刀，再移动到下一个切槽的位置，如此反复，直到完成等距槽的加工。

2）IF [#110 GE−75] GOTO 10 用来控制轴向移动，IF [#100 GT 20] GOTO 20 用来控制径向切槽的深度。

2.10 本章小结

本章实例中所有走刀路径虽然简单，设置的变量数目不多，算法不算复杂，但编制宏程序的思路和方法有一定的典型性。下面再介绍一些宏编程的基本知识，包括宏编程作用以及在车削中的应用场合。详细内容请查阅宏程序专业书籍。

1. 宏程序的主要作用和其他编程方法的区别

1）宏程序（宏指令）是在常规手工编程方式上附加的、更为高效的、更为通用的编程方式，它大量使用了各种变量、运算指令和控制指令，提供循环、判断、分支和子程序的调用，从而大大精简了程序编制的容量。

2）宏程序的全称为用户宏程序本体，实质就是一系列指令的组合。宏程序本体既可以由数控机床生产厂商提供，也可以由机床用户自己编制。使用时先将用户宏程序本体像子程序一样存入到数控系统的内存中，再采用子程序调用指令处理。

3）宏程序编程和常规手工编程的区别在于：在宏程序中，能使用变量，可以给变量赋值，变量之间可以运算，程序之间可以跳转；而常规编程只能指定常量，常量之间不能运算，程序之间只能顺序执行，不能跳转。

4）宏程序编程和 CAM 自动编程软件相比，宏程序具有更强的适应性，当加工零件形状或者尺寸改变时，只要改变相关的变量值就可以了；而 CAM 编程软件则需要重新绘图，而且生成程序容量通常都比较大，给程序的检查带来极大的不便。

2. 宏程序在车削中的应用场合

数控车削是当今使用最为广泛的加工方法，它主要用于加工轴类、盘类、套类等回转体零件，通过程序控制，自动完成端面、内外圆柱面、圆弧面、螺纹等工序的切削加工。但如果加工型面的轮廓不是圆弧曲线而是公式曲线（如椭圆、抛物线和正弦曲线）时，采用常规的数控编程指令不能满足要求，必须采用宏程序编程技术才能达到曲线轮廓的加工要求。

在多台阶、多沉槽、梯形螺纹等存在大量相同型面的零件中，为了提高程序的通用性，工件尺寸应尽可能地用宏变量来控制，运行程序前先对其进行赋值，这样宏程序编程比常规编程的程序更加具有可读性和便于检查。

第3章 车削普通螺纹宏程序应用

本章内容提要

螺纹加工也是车削的重要内容，虽然目前多数的数控系统提供了螺纹循环切削的数控指令（G32、G92 和 G76），但在特殊螺纹牙型、大螺距和多线螺纹等方面，系统提供的指令显得功能不足了，因此本章依次介绍宏程序在单线螺纹、双线螺纹、大螺距螺纹和内螺纹车削中的应用，了解宏程序可以结合螺纹加工工艺，在控制螺纹切削走刀方式和增加程序通用性上具有的优势。

3.1 螺纹加工概述

3.1.1 螺纹加工的常见循环指令和特点

在目前的 FANUC 数控系统的车床上，加工螺纹一般提供 3 种方法：G32 为直进式切削方法、G92 为直进式固定循环切削方法、G76 为斜进式复合固定循环切削方法。

直进式切削方法特点是工艺简单、编程方便，但由于两条切削刃同时承受切削力，切削刃容易磨损，也极易产生扎刀现象，因此一般用于车削螺距较小（$P \leqslant 2\text{mm}$）的螺纹；斜进式切削方法特点是进刀路径沿着同一个方向斜向进给，理论上车刀属于单面切削，不易产生扎刀现象。这两种车削螺纹的方法是数控车床上经常使用的螺纹加工方法，但是在加工大螺距、特殊牙型的螺纹时，会出现不同程度的振动现象，即螺距越大、加工深度越深，其加工时刀刃部位所受到的切削力越大。

加工高精度、大螺距的螺纹时，可采用 G32 或 G92 与 G76 混用的方法，即先用 G76 进行螺纹粗加工，再用 G92 或 G32 进行精加工。当然，粗、精加工的起刀点要一致，以防止螺纹车削中产生乱扣现象。

3.1.2 螺纹加工的走刀路径

直进式螺纹切削指令 G92 的走刀路径方式如图 3-1 所示。斜进式螺纹切削指令 G76 的走刀路径方式如图 3-2 所示。

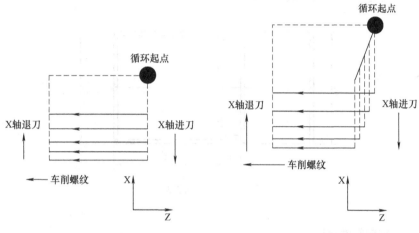

图 3-1　G92 指令走刀方式　　　　图 3-2　G76 指令走刀方式

除了上述两种常见螺纹切削走刀方式外，还可以采用左右切削进刀法，该方式很适合大螺距、多线螺纹等零件的粗加工。如图 3-3 所示，其切削顺序依次为 1→2→3→4→5→6→7→8→9→10→11→12，每层背吃刀量还可以进行递减控制。采用这样的加工方式，可以大大改善刀刃的受力状况。当然最后精加工时需要对牙型两侧和底面进行修光加工。显然，在现有螺纹车削指令的基础上，增加宏程序可以更加方便地去控制走刀路径和走刀顺序。

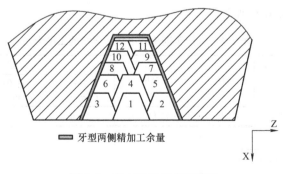

图 3-3　左右进刀方式和顺序

3.2 实例3-1 车削单线螺纹宏程序应用

3.2.1 零件图及加工内容

加工零件如图3-4所示，M24×1.5的单线螺纹，材料为45钢，除了螺纹外其他尺寸已加工，编制车削螺纹的宏程序，其中齿形角度为60°，单侧齿深为0.95mm（根据螺纹的牙深计算公式推导）。

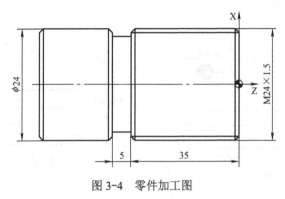

图3-4　零件加工图

3.2.2 分析零件图

该实例要求车削成形一个M24×1.5螺纹，加工和编程之前需要考虑以下几方面：

1）机床：FANUC系统数控车床。

2）装夹：自定心卡盘。

3）刀具：60°外圆螺纹车刀（1号刀）。

4）量具：①0～150mm游标卡尺，②M24×1.5螺纹环规（通止规）。

5）编程原点：编程原点及其编程坐标系如图3-4所示。

6）设置切削用量见表3-1。

表3-1　数控车削单线小螺距螺纹的工序卡

工序	主要内容	设备	刀具	切削用量		
				转速 /（r/min）	进给量 /（mm/r）	背吃刀量 /mm
1	车削螺纹	数控车床	60°螺纹刀	600	1.5	0.5、0.3、0.1

3.2.3 分析加工工艺

该零件是车削单线螺纹的应用实例。其基本思路：刀具快速移至螺纹加工起点（X30、Z5）→X 轴快速移至螺纹加工位置（X23.5）→Z 轴车削螺纹→X、Z 轴快速移至螺纹加工起点（X30、Z5）→X 轴快速移至螺纹加工位置（X23）……如此循环完成车削螺纹（单边牙型深度 0.95mm）。

3.2.4　选择变量方法

根据选择变量基本原则及本实例具体加工要求，本实例涉及变量为螺纹牙型深度。在车削螺纹过程中，螺纹牙型深度（单边）由 0 逐渐增大至 0.95mm，螺纹长度不发生改变，符合变量设置原则（优先选择加工中"变化量"作为变量），因此选择"螺纹牙型深度"作为变量。设置#100 控制加工螺纹牙型深度，赋初始值 0。

3.2.5　选择程序算法

车削螺纹采用宏程序编程时，需要考虑以下问题：①怎样实现循环车削螺纹；②怎样控制循环的结束（实现 X 轴变化）。下面进行分析：

1）实现循环车削螺纹。设置变量#100 控制螺纹牙型深度，赋初始值 0；设置变量#110 控制螺纹背吃刀量，赋初始值 0.5。

通过语句#100 = #100-#110 控制螺纹牙型深度值。通过语句 G32 Z-36.5 F1.5 车削螺纹。车削螺纹后，X 轴快速移至 X30、Z 轴快速移至 Z5。

2）控制循环的结束。车削一次螺纹循环后，通过条件判断语句，判断加工是否结束。若加工结束，则退出循环；若加工未结束，X 轴快速移至 X 轴加工位置，Z 轴再次车削螺纹，如此循环形成整个车削螺纹的刀路循环。

3.2.6　绘制刀路轨迹

根据加工工艺分析及选择程序算法分析，绘制单一循环刀路轨迹如图 3-5 所示，绘制多层循环刀路轨迹如图 3-6 所示。

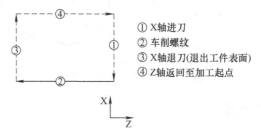

① X轴进刀
② 车削螺纹
③ X轴退刀(退出工件表面)
④ Z轴返回至加工起点

图 3-5　车削单线三角外螺纹一层刀路轨迹图

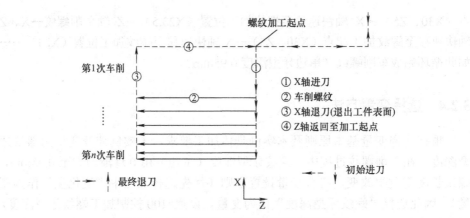

图 3-6　车削单线三角外螺纹循环刀路轨迹图

3.2.7　绘制流程图

根据以上算法设计和分析，绘制程序流程图如图 3-7 所示。

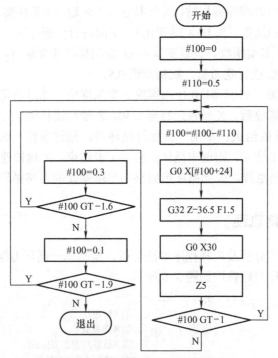

图 3-7　车削螺纹程序设计流程图

3.2.8　编制程序代码

O3001；

T0101；　　　　　　　　　　　　　（调用 1 号刀具及其补偿参数）

M03 S600;	（主轴正转，转速为 600r/min）
G0 X30 Z10;	（X、Z 轴快速移至 X30 Z10）
Z5;	（Z 轴快速移至 Z5）
M08;	（打开切削液）
#100 = 0;	（设置变量#100，控制螺纹牙型深度）
#110 = 0.5;	（设置变量#110，控制背吃刀量）
N10 #100 = #100-#110;	（变量#100 依次减少变量#110 的值）
G0 X[#100+24];	（X 快速移至 X[#100+24]）
G32 Z-36.5 F1.5;	（车削螺纹）
G0 X30;	（X 轴快速移至 X30）
Z5;	（Z 轴快速移至 Z5）
IF [#100 GT-1] GOTO10;	（条件判断语句，若变量#100 的值大于-1，则跳转到标号为 10 的程序段处执行，否则执行下一程序段）
#110 = 0.3;	（变量#110 重新赋值 0.3）
IF [#100 GT-1.6] GOTO10;	（条件判断语句，若变量#100 的值大于-1.6，则跳转到标号为 10 的程序段处执行，否则执行下一程序段）
#110 = 0.1;	（变量#110 重新赋值 0.1）
IF [#100 GT-1.9] GOTO10;	（条件判断语句，若变量#100 的值大于-1.9，则跳转到标号为 10 的程序段处执行，否则执行下一程序段）
G0 X100;	（X 轴快速移至 X100）
Z100;	（Z 轴快速移至 Z100）
G28 U0 W0;	（X、Z 轴返回参考点）
M09;	（关闭切削液）
M05;	（关闭主轴）
M30;	

3.2.9　编程总结

1）有关车削螺纹的螺纹参数、加工工艺和切削用量可以参考相关专业书籍。本实例确定的螺纹深度作为参考，在实际中螺纹作为配合件，加工时还要考虑其公差因素。

2）螺纹加工常采用等深度和等面积两种方式，本实例采用等深度分层车削螺纹，随着深度的增加，刀具承受的切削力会加大，容易使螺纹产生扎刀，最后的走刀用于修光螺纹型面；等面积车削螺纹在车削大螺距普通螺纹、梯形螺纹和变距螺纹中最为常用。

3）设置变量#101 控制加工螺纹 X 轴背吃刀量，随着不断切削对其重新赋值，实现了车削螺纹的分层车削。

4）关于设置起刀点 Z5 和切削终点 Z-36.5 的原因：在实际车削螺纹开始时，

伺服系统不可避免地有个加速过程，结束前也有个减速过程，在这两段时间内，螺距得不到有效保证，故在车削螺纹的编程中应考虑增加空刀导入量和空刀导出量。

3.3 实例3-2 车削双线螺纹宏程序应用

3.3.1 零件图及加工内容

加工零件如图3-8所示，车削M30×3（螺距为1.5mm）的双线螺纹，材料为45钢，除了螺纹外，其他尺寸已加工，编制车削双线螺纹的宏程序。

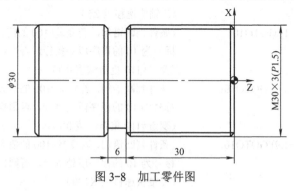

图3-8 加工零件图

3.3.2 分析零件图

该实例要求车削M30×3（螺距为1.5mm）的双线螺纹，加工余量为1.9mm。加工和编程之前需要考虑合理选择机床类型、数控系统、装夹方式、切削用量和切削方式（具体参阅3.2.2节内容）等，其中：

1）编程原点：编程原点及其编程坐标系如图3-8所示。

2）设置切削用量见表3-2。

表3-2 数控车削双线螺纹的工序卡

工序	主要内容	设备	刀具	切削用量		
				转速 /（r/min）	进给量 /（mm/r）	背吃刀量 /mm
1	车削螺纹	数控车床	60°螺纹刀	600	3	0.5、0.3、0.1

3.3.3 分析加工工艺

该零件是车削双线螺纹的应用实例，其基本思路有以下两种：

（1）通过改变螺纹加工起始位置实现车削双线螺纹 刀具快速移至第1条螺

旋线加工起点（X35、Z5）→X 轴快速移至 X29.3（螺纹加工 X 轴位置）→Z 轴车削螺纹→X 轴快速移至 X35→Z 轴快速移动 Z5→X 轴快速移至 X28.8（螺纹加工 X 轴位置），如此循环，完成车削第 1 条螺旋线。

刀具快速移至第 2 条螺旋线加工起点（X35、Z3.5）→X 轴快速移至 X29.3（螺纹加工 X 轴位置）→Z 轴车削螺纹→X 快速移至 X35→Z 轴快速移动 Z3.5→X 轴快速移至 X28.8（螺纹加工 X 轴位置），如此循环完成车削第 2 条螺旋线。

（2）通过改变螺纹加工起始角度实现车削双线螺纹　刀具快速移至第 1 条螺旋线加工起点（X35、Z5）→X 轴快速移至 X29.3（螺纹加工 X 轴位置）→Z 轴车削螺纹（指定螺纹起始角度 0°：Q0）→X 轴快速移至 X35→Z 轴快速移至 Z5→X 轴快速移至 X28.8（螺纹加工 X 轴位置），如此循环，完成车削第 1 条螺旋线。

刀具快速移至第 2 条螺旋线加工起点（X35、Z5）→X 轴快速移至 X29.3（螺纹加工 X 轴位置）→Z 轴车削螺纹（指定螺纹起始角度 180°：Q180000）→X 轴快速移至 X35→Z 轴快速移动 Z5→X 轴快速移至 X28.8（螺纹加工 X 轴位置），如此循环完成车削第 2 条螺旋线。

3.3.4　选择变量方法

根据选择变量基本原则及本实例具体加工要求，本实例涉及变量：螺纹牙型深度的变化、加工螺纹起始位置（Z）或加工螺纹起始角度（Q）。

（1）螺纹牙型深度　该零件是车削双线螺纹的应用实例，在车削螺纹过程中，螺纹牙型深度（单边）由 0 逐渐增大至 0.95mm，且螺纹长度不发生改变，符合变量设置原则：优先选择加工中"变化量"作为变量，因此选择"螺纹牙型深度"作为变量。设置#100 并赋初始值 0，控制加工螺纹牙型深度变化。

（2）螺纹加工起始位置（Z）　由分析加工工艺（1）可知：在车削完成第 1 条螺纹线后，车削第 2 条螺旋线起始位置（Z 轴）发生了变化，且与车削第 1 条螺纹线起始位置（Z 轴）值相差 1.5mm，符合变量设置原则：优先选择加工中"变化量"作为变量，因此选择"车削螺旋线起始位置（Z 轴）"作为变量，控制车削螺旋线起始位置（Z 轴）。设置#101 并赋初始值 5，控制车削完成第 1 条螺旋线起始位置（Z 轴）。

3.3.5　选择程序算法

车削双线螺纹采用宏程序编程时，需要考虑以下问题：一是怎样实现循环车削螺纹；二是怎样控制循环的结束（实现 X 轴变化）；三是怎样控制车削双线螺纹。下面进行分析：

（1）实现循环车削螺纹　设置变量#100 控制螺纹牙型深度，赋初始值 0；设置#110 变量控制车削螺纹背吃刀量，赋初始值 0.5。

语句#100 = #100 - #110 控制 X 轴进刀量。Z 轴车削螺纹后，X 轴快速移至 X35，Z 快速退移至 Z5。

（2）控制循环的结束　车削一次螺纹循环后，通过条件判断语句，判断加工是否结束。若加工结束，则退出循环；若加工未结束，则 X 轴快速移至 X 轴加工位置，Z 轴再次车削螺纹，如此循环形成整个车削螺纹的刀路循环。

（3）控制车削双线螺纹

1）设置#101=5 控制螺纹起始位置（Z 轴），车削完成 1 条螺纹线后，通过#101=#100-1.5，实现螺纹加工起始位置（Z 轴）的变化。

2）设置#101=0 控制螺纹起始角度（Z 轴），车削完成 1 条螺纹线后，通过#101=#100+180000，实现螺纹加工起始角度（Q 值）的变化。

3.3.6　绘制刀路轨迹

根据加工工艺分析及选择程序算法分析，绘制单一循环刀路轨迹如图 3-9 所示，绘制多层循环刀路轨迹如图 3-10 所示。

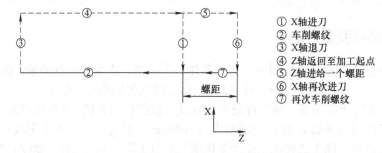

图 3-9　车削双线螺纹一层刀路轨迹示意图

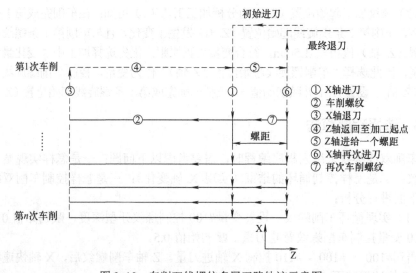

图 3-10　车削双线螺纹多层刀路轨迹示意图

3.3.7 绘制流程图

根据以上算法设计和分析，绘制程序流程图如图 3-11 所示。

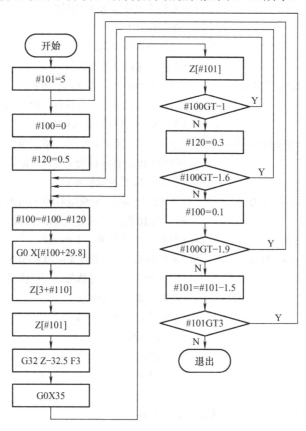

图 3-11 车削双线螺纹程序设计流程图

3.3.8 编制程序代码

程序 1：改变螺纹加工起始位置（Z 值）

O3002；	
T0101；	（调用 1 号刀具及其补偿参数）
M03 S600；	（主轴正转，转速为 600r/min）
#101 = 5；	（设置变量#101，控制螺纹加工起始位置 Z 值）
G0 X35 Z5；	（X、Z 轴快速移至 X35 Z5）
M08；	（打开切削液）
N20 G0 X29.8 Z[#101]；	（X、Z 轴快速移至 X29.8 Z[#101]）

#100 = 0;	（设置变量#100，控制螺纹牙型深度）
#120 = 0.5;	（设置变量#120，控制X轴背吃刀量）
N10 #100 = #100−#120;	（变量#100依次减去变量#120的值）
G0 X[#100+29.8];	（X轴快速移至X[#100+29.8]）
G32 Z−32.5 F3;	（车削螺纹）
G0 X35;	（X轴快速移至X35）
Z[#101];	（Z轴快速移至Z[#101]）
IF[#100 GT−1] GOTO10;	（条件判断语句，若变量#100的值大于−1，则跳转到标号为10的程序段处执行，否则执行下一程序段）
#120 = 0.3;	（变量#120重新赋值0.3）
IF[#100 GT−1.6] GOTO 10;	（条件判断语句，若变量#100的值大于−1.6，则跳转到标号为10的程序段处执行，否则执行下一程序段）
#120 = 0.1;	（变量#120重新赋值0.1）
IF[#100 GT−1.9] GOTO10;	（条件判断语句，若变量#100的值大于−1.9，则跳转到标号为10的程序段处执行，否则执行下一程序段）
#101 = #101−1.5;	（变量#101依次减去1.5mm）
IF[#101 GT 3] GOTO20;	（条件判断语句，若变量#101的值大于3，则跳转到标号为20的程序段处执行，否则执行下一程序段）
G0 Z100;	（Z轴快速移至Z100）
X100;	（X轴快速移至X100）
G28 U0 W0;	（X、Z轴返回参考点）
M09;	（关闭切削液）
M05;	（关闭主轴）
M30;	

程序2：改变螺纹加工起始角度（Q值）

O3003;	
T0101;	（调用1号刀具及其补偿参数）
M03 S600;	（主轴正转，转速为600r/min）
#101 = 0;	（设置变量#101，控制螺纹加工起始角度Q值）
G0 X35 Z5;	（X、Z轴快速移至X35 Z5）
M08;	（打开切削液）
N20 G0 X29.8 Z5;	（X、Z轴快速移至X29.8 Z5）
#100 = 0;	（设置变量#100，控制螺纹牙型深度）
#120 = 0.5;	（设置变量#120，控制X轴背吃刀量）
N10 #100 = #100−#120;	（变量#100依次减去变量#120值）
G0 X[#100+29.8];	（X轴快速移至X[#100+29.8]）
G32 Z−32.5 Q[#101] F3;	（车削螺纹）
G0 X35;	（X轴快速移至X35）

Z5;	（Z 轴快速移至 Z5）
IF[#100 GT-1] GOTO10;	（条件判断语句，若变量#100 的值大于-1，则跳转到 标号为 10 的程序段处执行，否则执行下一程序段）
#120 = 0.3;	（变量#120 重新赋值 0.3）
IF[#100 GT-1.6] GOTO10;	（条件判断语句，若变量#100 的值大于-1.6，则跳转到 标号为 10 的程序段处执行，否则执行下一程序段）
#120 = 0.1;	（变量#120 重新赋值 0.1）
IF[#100 GT-1.9] GOTO10;	（条件判断语句，若变量#100 的值大于-1.9，则跳转到 标号为 10 的程序段处执行，否则执行下一程序段）
#101 = #101+180000;	（变量#101 依次增加#180000）
IF[#101 LT 270000] GOTO20;	（条件判断语句，若变量#101 的值小于 270000，则跳转 到标号为 20 的程序段处执行，否则执行下一程序段）
G0 Z100;	（Z 轴快速移至 Z100）
X100;	（X 轴快速移至 X100）
G28 U0 W0;	（X、Z 轴返回参考点）
M09;	（关闭切削液）
M05;	（关闭主轴）
M30;	

3.3.9　编程总结

（1）O3002 编程总结　程序 O3002 是在单线螺纹车削宏程序的基础上，增加了变量#101=5，表达式#101=#101-1.5 以及条件判断语句 IF[#101 GT 3] GOTO20 来实现车削双线螺纹，这种编程思路同样适合车削三线螺纹、四线螺纹等多线螺纹。

（2）O3003 编程总结　程序 O3002 是在单线螺纹车削宏程序的基础上，增加了变量#101=0，表达式#101=#101+180000 以及条件判断语句 IF[#101 LT 270000] GOTO20 来实现车削双线螺纹，这种编程思路同样适合车削三线螺纹、四线螺纹等多线螺纹。

3.4　实例 3-3 车削大螺距螺纹宏程序应用

3.4.1　零件图及加工内容

加工零件如图 3-12 所示，M30×3 的单头螺纹，材料为 45 钢，除了螺纹外，其他尺寸已加工，编制车削螺纹（大螺距，螺距为3mm）的宏程序。

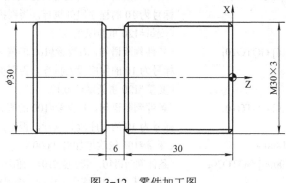

图 3-12　零件加工图

3.4.2　分析零件图

该实例要求车削 M30×3 的单线螺纹，加工和编程之前需要考虑合理选择机床类型、数控系统、装夹方式、切削用量和切削方式（具体参阅 3.2.2 节内容）等，其中：

1）编程原点：编程原点及其编程坐标系如图 3-12 所示。

2）量具：①0～150mm 游标卡尺；②M30×3 螺纹环规（通止规）。

3）设置切削用量见表 3-3。

表 3-3　数控车削大螺距螺纹的工序卡

工序	主要内容	设备	刀具	切削用量		
				转速 /（r/min）	进给量 /（mm/r）	背吃刀量 /mm
1	车削螺纹	数控车床	60° 螺纹刀	100	3	0.3 、0.15、0.1

3.4.3　分析加工工艺

该零件是车削 M30×3 螺纹的应用实例，螺距较大，在加工过程中需要 Z 轴再次进给 0.1mm，其切削方式如下：

车削单线大螺距三角外螺纹的加工切削顺序：Z 向进给到螺纹加工起始位置→X 轴进刀至 X29.7→车削螺纹→X 轴快速移至 X40→Z 轴快速移至 Z6→Z 轴正方向增量进给 0.1mm→X 轴进刀至 X29.7→车削螺纹→X 轴快速移至 X40→Z 轴快

速移至 Z6→Z 轴负方向增量进给 0.1mm→X 轴进刀至 X29.7→车削螺纹→X 轴快速移至 X40→Z 轴快速移至 Z6→至此形成车削一次螺纹刀路轨迹。

3.4.4　选择变量方法

根据选择变量基本原则及本实例具体加工要求，本实例涉及变量：螺纹牙型深度的变化、Z 轴再次进给量。

（1）螺纹牙型深度　在车削螺纹过程中，螺纹牙型深度（单边）由 0 逐渐增大至 3.9mm，且螺纹长度不发生改变，符合变量设置原则：优先选择加工中"变化量"作为变量，因此选择"螺纹牙型深度"作为变量；设置#100 螺纹牙型深度变化，赋初始值 0。

（2）Z 轴再次进给量　由分析加工工艺可知：刀具快速移至螺纹加工起点（X35、Z6）→车削螺纹→刀具快速移至（X35、Z6）→Z 轴沿正方向再次进给 0.1mm→再次车削螺纹→刀具快速移至（X35、Z6）→Z 轴沿负方向再次进给 0.1mm→再次车削螺纹→刀具快速移至（X35、Z6），形成车削一层螺纹循环。

符合变量设置原则：优先选择加工中"变化量"作为变量，因此选择"Z 轴再次进给量"作为变量，控制车削螺纹后 Z 轴进给量；设置#101 并赋初始值 0.1，控制车削螺纹 Z 轴的第二次进给量。

3.4.5　选择程序算法

车削双线螺纹采用宏程序编程时，需要考虑以下问题：一是怎样实现循环车削螺纹；二是怎样控制循环的结束（实现 X 轴变化）；三是怎样控制 Z 轴第二次进给量。下面进行分析：

（1）实现循环车削螺纹　设置变量#100 控制螺纹牙型深度，赋初始值 0；设置变量#110 控制加工螺纹背吃刀量，赋初始值 0.3。通过语句#100 = #100 - #110 控制螺纹牙型深度。

（2）控制循环的结束　车削一次螺纹循环后，通过条件判断语句，判断加工是否结束。若加工结束，则退出循环；若加工未结束，则 X 轴再次快速移至 X 轴加工位置，Z 轴再次车削螺纹，如此循环形成整个车削螺纹的刀路循环。

（3）控制 Z 轴第二次进给量　设置#101 = 0.1 控制 Z 轴第二次进给量，车削螺纹后，通过#101 =-#101，实现 Z 轴的第二次进给量的变化。

3.4.6　绘制刀路轨迹

根据加工工艺分析及选择程序算法分析，绘制单层循环刀路轨迹如图 3-13 所示，绘制多层循环刀路轨迹如图 3-14 所示。

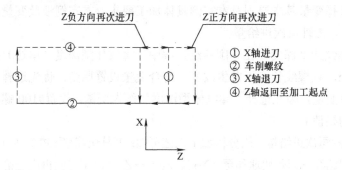

图 3-13　车削一层大螺距螺纹刀路轨迹示意图

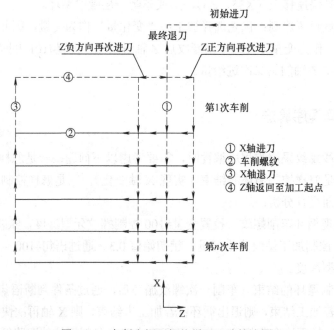

图 3-14　车削大螺距螺纹循环刀路轨迹图

3.4.7　绘制流程图

根据加工工艺分析及选择程序算法分析，绘制程序流程图如图 3-15 所示。

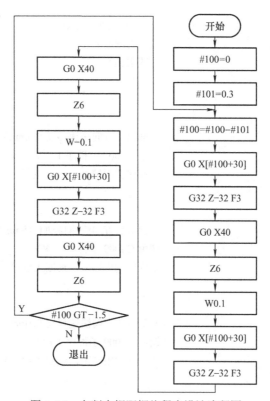

图 3-15　车削大螺距螺纹程序设计流程图

3.4.8　编制程序代码

程序 1：采用子程序嵌套

O3004；

T0101；	（调用 1 号刀具及其补偿参数）
M03 S100；	（主轴正转，转速为 100r/min）
G0 X35 Z6；	（X、Z 轴快速移至 X35 Z6）
X30；	（X 轴快速移至 X30）
M08；	（打开切削液）
M98 P53005；	（调用 O3005 子程序 5 次）
M98 P103006；	（调用 O3006 子程序 10 次）
M98 P43007；	（调用 O3007 子程序 4 次）
G0 X26.6 Z6；	（X、Z 轴快速移至 X26.6 Z6）
M98 P43008；	（调用 O3008 子程序 4 次）
G0 X100；	（X 轴快速移至 Z100）
Z100；	（Z 轴快速移至 Z100）

```
G28 U0 W0；          （X、Z 轴返回参考点）
M09；                （关闭切削液）
M05；                （关闭主轴）
M30；
……
O3005；
G0 U−0.3；           （X 轴沿负方向快速移动 0.3mm）
M98 P3009；          （调用 O3009 子程序 1 次）
M99；                （子程序调用结束，返回主程序）
……
O3006；
G0 U−0.15；          （X 轴沿负方向快速移动 0.15mm）
M98 P3009；          （调用 O3009 子程序 1 次）
M99；                （子程序调用结束，返回主程序）
……
O3007；
G0 U−0.1；           （X 轴沿负方向快速移动 0.1mm）
M98 P3009；          （调用 O3009 子程序 1 次）
M99；                （子程序调用结束，返回主程序）
……
O3008；
G0 U−0.05；          （X 轴沿负方向快速移动 0.05mm）
M98 P3009；          （调用 O3009 子程序 1 次）
M99；                （子程序调用结束，返回主程序）
……
O3009；
G32 Z−32 F3；        （车削螺纹）
G0 U15；             （X 轴沿正方向快速移动 15mm）
Z6；                 （Z 轴快速移至 Z6）
U−15；               （X 轴沿负方向快速移动 15mm）
G0 W0.1；            （Z 轴沿正方向快速移动 0.1mm）
G32 Z−32 F3；        （车削螺纹）
G0 U15；             （X 轴沿正方向快速移动 15mm）
Z6；                 （Z 轴快速移至 Z6）
G0 W−0.1；           （Z 轴沿负方向快速移动 0.1mm）
U−15；               （X 轴沿负方向快速移动 15mm）
G32 Z−32 F3；        （车削螺纹）
G0 U15；             （X 轴沿正方向快速移动 15mm）
Z6；                 （Z 轴快速移至 Z6）
```

U–15；　　　　　　　　　　　　　（X 轴沿负方向快速移动 15mm）

M99；

程序 2：采用宏程序编程

O3010；

T0101；　　　　　　　　　　　　　（调用 1 号刀具及其补偿参数）

M03 S100；　　　　　　　　　　　（主轴正转，转速为 100r/min）

G0 X35 Z6；　　　　　　　　　　　（X、Z 轴快速移至 X35 Z6）

X30；　　　　　　　　　　　　　　（X 轴快速移至 X30）

M08；　　　　　　　　　　　　　　（打开切削液）

#100 = 0；　　　　　　　　　　　（设置变量#100，控制螺纹牙型深度值）

#101 = 0.3；　　　　　　　　　　　（设置变量#100，背吃刀量）

N10 #100 = #100–#101；　　　　　（变量#100 依次减小变量#101 的值）

G0 X[#100+30]；　　　　　　　　　（X 轴快速移至 X[#100+30]）

G32 Z–32 F3；　　　　　　　　　　（车削螺纹）

G0 X40；　　　　　　　　　　　　（X 轴快速移至 X40）

Z6；　　　　　　　　　　　　　　（Z 轴快速移至 Z6）

G0 W0.1；　　　　　　　　　　　　（Z 轴沿正方向快速移动 0.1mm）

G0 X[#100+30]；　　　　　　　　　（X 轴快速移至 X[#100+30]）

G32 Z–32 F3；　　　　　　　　　　（车削螺纹）

G0 X40；　　　　　　　　　　　　（X 轴快速移至 X40）

Z6；　　　　　　　　　　　　　　（Z 轴快速移至 Z6）

W–0.1；　　　　　　　　　　　　　（Z 轴沿负方向快速移动 0.1mm）

G0 X[#100+30]；　　　　　　　　　（X 轴快速移至 X[#100+30]）

G32 Z–32 F3；　　　　　　　　　　（车削螺纹）

G0 X40；　　　　　　　　　　　　（X 轴快速移至 X40）

Z6；　　　　　　　　　　　　　　（Z 轴快速移至 Z6）

IF[#100 GT–1.5] GOTO10；　　　　（条件判断语句，若变量#100 的值大于–1.5，则跳转到标号为 10 的程序段处执行，否则执行下一程序段）

#101 = 0.15；　　　　　　　　　　（变量#101 重新赋值、第 2 层螺纹背吃刀量）

IF[#100 GT–3] GOTO10；　　　　　（条件判断语句，若变量#100 的值大于–3，则跳转到标号为 10 的程序段处执行，否则执行下一程序段）

#101 = 0.1；　　　　　　　　　　　（变量#101 重新赋值、第 3 层螺纹背吃刀量）

IF[#100 GT–3.5] GOTO10；　　　　（条件判断语句，若变量#100 的值大于–3.5，则跳转到标号为 10 的程序段处执行，否则执行下一程序段）

#101 = 0.05；　　　　　　　　　　（变量#101 重新赋值、第 4 层螺纹背吃刀量）

IF[#100 GT–3.6] GOTO10；　　　　（条件判断语句，若变量#100 的值大于–3.6，则跳转到标号为 10 的程序段处执行，否则执行下一程序段）

G0 X100；　　　　　　　　　　　　（X 轴快速移至 X100）

Z100;	（Z 轴快速移至 X100）
G28 U0 W0;	（X、Z 轴返回参考点）
M09;	（关闭切削液）
M05;	（关闭主轴）
M30;	

3.4.9 编程总结

1）车削大螺距螺纹时，根据工件材料和刀具材料情况合理分配好每层的背吃刀量，在编制宏程序时可以合理设置变量及其控制语句来满足此加工要求。

2）车削大螺距螺纹时需要赶刀保证单侧加工，减小两侧同时加工的切削力。采用一般的 G 指令难以满足进刀和进给路径变化的要求，采用子程序嵌套可以简化程序，而用宏程序就更加方便。

3.5 实例 3-4 车削内螺纹宏程序应用

3.5.1 零件图及加工内容

加工零件如图 3-16 所示，M34×2 的单线内螺纹，材料为 45 钢，除了螺纹外，其他尺寸已加工，编制车削内螺纹的宏程序。

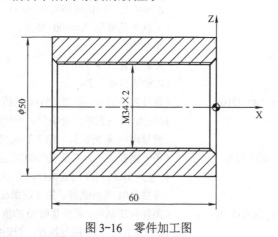

图 3-16 零件加工图

3.5.2 分析零件图

该实例要求车削 M34×2 的单线内螺纹，加工和编程之前需要考虑合理选择机床类型、数控系统、装夹方式、切削用量和切削方式（具体参阅 3.2.2 节内容）等，其中：

1）编程原点：编程原点及其编程坐标系如图 3-16 所示。

2）量具：①0～150mm 游标卡尺；②M34×2 螺纹塞规（通止规）。

3）刀具：60°内孔螺纹车刀（1 号刀）。

4）设置切削用量见表 3-4。

表 3-4 数控车削内孔螺纹工件的工序卡

工序	主要内容	设备	刀具	切削用量		
				转速 / (r/min)	进给量 / (mm/r)	背吃刀量 /mm
1	车削内螺纹	数控车床	60°内孔螺纹刀	600	2	0.2

3.5.3 分析加工工艺

该零件是车削内孔螺纹的应用实例，其基本思路：刀具快速移至螺纹加工起点（X28、Z3）→X 轴快速移至 X30.2（螺纹加工 X 轴位置）→Z 轴车削螺纹→X 轴快速移至 X28→Z 轴快速移至 Z3→X 轴快速移至 X30.4（螺纹加工 X 轴位置），如此循环完成车削内孔螺纹。

3.5.4 选择变量方法

根据选择变量基本原则及本实例具体加工要求，本实例涉及变量：螺纹牙型深度的变化。在车削螺纹过程中，螺纹牙型深度（单边）由 0 逐渐增大至 2mm，且螺纹长度不发生改变，符合变量设置原则：优先选择加工中"变化量"作为变量，因此选择"螺纹牙型深度"作为变量；设置#100 控制加工螺纹牙型深度，赋初始值 0。

3.5.5 选择程序算法

车削螺纹采用宏程序编程时，需要考虑以下问题：一是怎样实现循环车削螺纹；二是怎样控制循环的结束（实现 X 轴变化）。下面进行分析：

（1）实现循环车削螺纹 设置变量#100 控制螺纹牙型深度，赋初始值 0；设置变量#110 加工螺纹背吃刀量，赋初始值 0.5。通过语句#100＝#100−#110 控制螺纹牙型深度；在通过语句 G32 Z−61.5 F2 车削螺纹后，X 轴快速移至 X30、Z 轴快速退至 Z5。

（2）控制循环的结束 车削一次螺纹循环后，通过条件判断语句，判断加工是否结束。若加工结束，则退出循环；若加工未结束，则 X 轴快速移至 X[#100+30]，Z 轴再次车削螺纹，如此循环形成整个车削螺纹的刀路循环。

3.5.6 绘制刀路轨迹

根据加工工艺分析及选择程序算法分析，绘制单一循环刀路轨迹如图 3-17 所示，绘制多层循环刀路轨迹如图 3-18 所示。

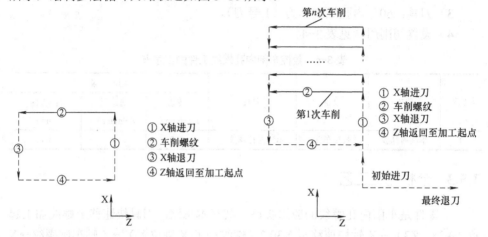

图 3-17　车削一层内螺纹刀路轨迹示意图　　图 3-18　车削内螺纹循环刀路轨迹示意图

3.5.7 绘制流程图

根据加工工艺分析及选择程序算法分析，绘制流程图如图 3-19 所示。

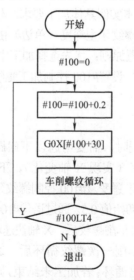

图 3-19　车削内螺纹程序设计流程图

3.5.8　编制程序代码

```
O3011；
T0101；                      （调用 1 号刀具及其补偿参数）
M03 S600；                   （主轴正转，转速为 600r/min）
G0 X28 Z10；                 （X、Z 轴快速移至 X28 Z10）
Z3；                         （Z 轴快速移至 Z3）
M08；                        （打开切削液）
#100 = 0；                   （设置变量#100，控制螺纹牙型深度）
#110 = 0.2；                 （设置变量#110，控制背吃刀量）
N10 #100 = #100 + #110；     （变量#100 依次加上#110）
G0 X[#100+30]；              （X 轴快速移至 X[#100+30]）
G32 Z–61.5 F2；              （车削内螺纹）
G0 X20；                     （X 轴快速移至 X20）
Z3；                         （Z 轴快速移至 Z3）
IF [#100 LT 4] GOTO10；      （条件判断语句，若变量#100 的值小于 4，则跳转到标
                              号为 10 的程序段处执行，否则执行下一程序段）
G0 Z100；                    （Z 轴快速移至 Z100）
X100；                       （X 轴快速移至 X100）
G28 U0 W0；                  （X、Z 轴返回参考点）
M09；                        （关闭切削液）
M05；                        （关闭主轴）
M30；
```

3.5.9　编程总结

1）单线内螺纹和单线外螺纹切削方式、加工工艺、编程思路和步骤类似，唯一不同点是进刀方式和退刀方式不同，外螺纹进刀方式沿 X 轴负方向进刀，退刀方式沿 X 轴正方向退刀；内螺纹进刀方式沿 X 轴正方向进刀，退刀方式沿 X 轴负方向退刀，如图 3-20 所示。

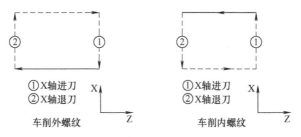

图 3-20　车削内螺纹和外螺纹进退刀方式比较示意图

2）本例中的螺纹牙型深度只是个参考值，实际加工中要考虑并补偿配合公差大小。

3.6　本章小结

在目前 FANUC 系统的车床上，加工螺纹一般提供 3 种方法：G32 为直进式切削方法、G92 为直进式固定循环切削方法、G76 为斜进式复合固定循环切削方法。由于它们的切削方式和编程思路有所区别，造成的螺纹表面质量、加工误差也有所不同，因此它们各有加工特点和使用场合，在实际采用这些现有指令的同时，可以结合螺纹牙型、加工特点和尺寸误差的要求，采用宏程序会更加提高螺纹加工的效果，并且增加程序编辑的灵活性。

第4章 车削锥度型面宏程序应用

本章内容提要

　　本章介绍宏程序在车削锥度型面中的应用，依次为锥度型面宏程序编程概述、车削 45°斜角、车削外圆锥面、车削外圆 V 形沉槽、车削内孔锥面和车削单线锥面外螺纹宏程序应用，它们刀路轨迹的共同特点是：X 向和 Z 向进给运动按照斜线方程的规律（旋转类零件锥面的精加工刀路必须 X 向和 Z 向联动完成）。

4.1 锥度型面宏程序编程概述

4.1.1 圆锥的基本数学知识

　　(1) 圆锥概述　圆锥表面是由与轴线成一定角度且一段相交于轴线的一条直线段（母线），绕该轴线旋转一周所形成的表面，如图 4-1 所示。

　　(2) 圆锥基本参数　圆锥的基本参数包括：半锥角 $\alpha/2$、圆锥大端直径 D、圆锥小端直径 d、圆锥长度 L、锥度 C，如图 4-2 所示，车削加工经常用到的是半锥角（$\alpha/2$）。

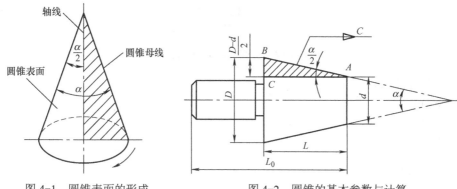

图 4-1　圆锥表面的形成　　　　　　图 4-2　圆锥的基本参数与计算

从平面几何的角度来看，圆锥和直线方程（一次函数表达式）的实质是相同的，如图 4-3 所示。

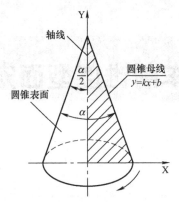

图 4-3　圆锥与 $y=kx+b$ 的关系

4.1.2　圆锥的基本编程知识

1）圆锥在车削加工中采用 G 代码编程。圆锥面是常见车削加工型面之一，在实际加工中应用较为广泛。数控系统提供了车削锥度的指令（G01）可以实现车削任意半锥角为 $\alpha/2$ 的锥度型面，例如为如图 4-4 所示零件编写锥度型面程序代码。

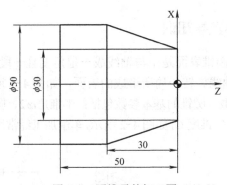

图 4-4　圆锥零件加工图

程序代码如下：

```
04001;
……
G0 X30 Z1;
G01 Z0 F0.2;
X50 Z–30;
……
```

2）圆锥在车削加工中采用宏程序（直线插补）编程思路：

步骤 1：根据锥面轮廓的线性方程，由 X（X 作为自变量）计算对应的 Z（Z 作为因变量）或由 Z（Z 作为自变量）计算对应的 X（X 作为因变量）。

步骤 2：X 轴进给至 X1（某个直径尺寸），通过语句 G01 Z-Z1F0.2，车削直径为 X_1、轴向长度为对应 Z_1 的外圆。

步骤 3：X 轴快速移至安全距离，Z 轴快速移至 Z 轴加工起点（也可以采用 X、Z 轴联动方式快速移动）。

步骤 4：加工余量减去背吃刀量，跳转到步骤 1 处顺序执行步骤 2、3、4……如此循环直到加工余量等于 0 时，退出循环。

锥面是由无数个直径不同、轴向长度不同的外圆组成的集合几何（锥面加工精度与步距成反比）。

4.2　实例 4-1 车削 45°斜角宏程序应用

4.2.1　零件图及加工内容

加工零件如图 4-5 所示，毛坯为 ϕ50mm×80mm 的圆钢棒料，需要加工成 C10 倒角，材料为 45 钢，试编制数控车加工宏程序代码（外圆已经加工，倒角加工是锥面加工的特例）。

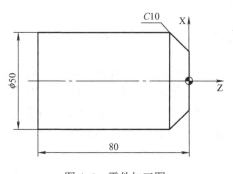

图 4-5　零件加工图

4.2.2　分析零件图

该实例要求车削 C10 斜角，X 轴余量为 20mm，Z 轴余量为 10mm，加工和编程之前需要考虑以下几方面：

1）机床：FANUC 系统数控车床。

2）装夹：自定心卡盘。

3）刀具：90°外圆车刀。

4）量具：0°～320°万能角度尺。

5）编程原点：编程原点及其编程坐标系如图4-5所示。

6）车削 C10 斜角方式：Z 向直线单向切削；X（轴）向背吃刀量为2mm。

7）设置切削用量见表4-1。

表 4-1　车削 C10 斜角工序卡

工序	主要内容	设备	刀具	切削用量		
				转速 / (r/min)	进给量 / (mm/r)	背吃刀量 /mm
1	车削 C10 斜角	数控车床	90°外圆车刀	2500	0.2	2

4.2.3　分析加工工艺

该零件是车削 C10 斜角的应用实例，其基本思路：X、Z 轴从起刀点位置快速移至加工位置（X48 Z0）→车削 C1 斜角（X、Z 轴两轴联动进给至 X50 Z-1）→X 轴沿正方向快速移动 1mm（G0 U1）→Z 轴快速移至 Z1→X 轴快速移至（X46）→Z 轴进给至（Z0）→车削 C2 斜角（X、Z 轴两轴联动进给至 X50 Z-2）……如此循环完成车削 C10 斜角。

4.2.4　选择变量方法

根据选择变量基本原则及本实例具体加工要求，选择变量有以下几种方式：

1）在车削加工过程中，斜角由 C0 逐渐增大至 C10。斜角由 C0 逐渐增大至 C10 的过程中，X 轴、Z 轴尺寸均发生改变。X、Z 轴变化规律：X 轴变化 2mm，Z 轴变化 1mm。符合变量设置原则：优先选择加工中"变化量"作为变量，因此选择"X 轴尺寸"作为变量。

设置变量#100 控制毛坯"径向"尺寸变化，赋初始值 50。

2）在车削加工过程中斜角由 C0 逐渐增大至 C10 的过程中，X 轴加工余量由 20mm 逐渐减小至 0，Z 轴加工尺寸由 0 逐渐减小至-10mm。符合变量设置原则：优先选择加工中"变化量"作为变量，因此选择加工余量作为变量。

设置变量#100 控制 X 轴加工余量，赋初始值 20；设置变量#101 控制 Z 轴加工尺寸变化，赋初始值 0。

从 1）～2）变量设置分析可知，确定变量的方式不是唯一的，但变量控制类型决定了程序流程图，同时也决定了宏程序代码。

4.2.5　选择程序算法

车削 C10 斜角采用宏程序编程时，需要考虑以下问题：①怎样实现循环车削斜角；②怎样控制循环的结束（实现 Z 轴变化）。下面进行分析：

1）实现循环车削斜角。设置变量#100 控制毛坯"径向"尺寸变化，赋初始值 50，通过语句#100 = #100−2 控制 X 轴加工位置的变化；设置变量#101 控制 Z 轴加工尺寸的变化，赋初始值 0，通过语句#101 = #101−1 控制 Z 轴加工位置的变化。X、Z 轴两轴联动进给至 X50 C[#101]，X 沿正方向快速移动 1mm、Z 轴快速移至 Z1，形成车削斜角循环。

2）控制循环的结束。车削一次锥面循环后，通过条件判断语句判断加工是否结束。若加工结束，则退出循环；若加工未结束，则 X 轴再次快速移至 X[#100]，Z 轴再次进给至 Z0，X、Z 轴以两轴联动方式进给至 X50 C-[#101]，如此循环，形成整个车削 C10 斜角循环。

4.2.6　绘制刀路轨迹

根据加工工艺分析及选择程序算法分析，绘制单一循环刀路轨迹如图 4-6 所示，多层循环刀路轨迹如图 4-7 所示。

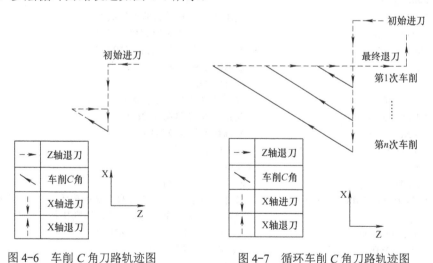

图 4-6　车削 C 角刀路轨迹图　　　　图 4-7　循环车削 C 角刀路轨迹图

4.2.7　绘制流程图

根据以上分析，绘制程序流程图如图 4-8 所示。

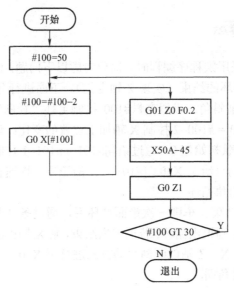

图4-8 车削 C10 斜角程序设计流程图

4.2.8 编制程序代码

程序 1

O4002；

T0101；   （调用 1 号刀具及其补偿参数）

M03 S2500；   （主轴正转，转速为 2500r/min）

G0 X51 Z10；   （X、Z 轴快速移至 X51 Z10）

Z1；   （Z 轴快速移至 Z1）

M08；   （打开切削液）

#100 = 50；   （设置变量#100，控制 X 轴尺寸）

N10 #100 = #100−2；   （变量#100 依次减小 2mm）

G0 X[#100]；   （X 轴快速移至 X[#100]）

G01 Z0 F0.2；   （Z 轴进给至 Z0）

X50A−45；   （车削 C 角）

G0 Z1；   （Z 轴快速移至 Z1）

IF [#100 GT 30] GOTO10； （条件判断语句，若#100 号变量的值大于 30，则跳转到标号为 10 的程序段处执行，否则执行下一程序段）

G0 X100 Z100；   （X、Z 轴快速移至 X100 Z100）

G28 U0 W0；   （X、Z 轴返回参考点）

M05；   （主轴停止）

M09；   （关闭切削液）

M30；

编程总结：

1）设置#100 并赋初始值 50，控制毛坯"径向"尺寸的变化，通过条件判断句 IF [#100 GT 30] GOTO10 实现车削斜角循环。

2）通过语句 X50A-45 实现车削斜角功能，其中 A 指令实现用 FANUC 系统车削锥角时能车削出任意角度的锥面。

3）车削 45° 斜角进退刀方式：在斜角延长线上进退刀，本实例进退刀方式进行了简化，采用"直接进退刀"方式。

程序 2

O4003;	
T0101;	（调用 1 号刀具及其补偿参数）
M03 S2500;	（主轴正转，转速为 2500r/min）
G0 X51 Z10;	（X、Z 轴快速移至 X51 Z10）
Z1;	（Z 轴快速移至 Z1）
M08;	（打开切削液）
#100 = 50;	（设置变量#100，控制 X 轴尺寸）
#101 = 0;	（设置变量#101，控制斜角）
N10 #100 = #100−2;	（变量#100 依次减小 2mm）
#101 = #101+1;	（变量#101 依次增加 1mm）
G0 X[#100];	（X 轴快速移至 X[#100]）
G01 Z0 F0.2;	（Z 轴进给至 Z0）
X50 C[#101];	（车削 C 角）
G01 Z[0−#101];	（Z 轴进给至 Z[0−#101]）
G0 Z1;	（Z 轴快速移至 Z1）
IF [#100 GT 30] GOTO10;	（条件判断语句，若变量#100 的值大于 30，则跳转到标号为 10 的程序段处执行，否则执行下一程序段）
G0 X100 Z100;	（X、Z 轴快速移至 X100 Z100）
G28 U0 W0;	（X、Z 轴返回参考点）
M05;	（主轴停止）
M09;	（关闭切削液）
M30;	

编程总结：

1）设置#100 并赋初始值 50，控制毛坯"径向"尺寸的变化，通过条件判断句 IF [#100 GT 30] GOTO10 实现车削斜角循环。

2）通过语句 X50 C[#101]实现车削 45° 斜角。C 指令的功能是实现用 FANUC 系统倒 45° 斜角，该功能只能加工锥角为 45° 的锥面，不能加工锥角非 45° 的锥面。

3）车削 45° 斜角进退刀方式：在斜角延长线上进退刀，本实例进退刀方式进行了简化，采用"直接进退刀"方式。

4.3　实例 4-2 车削外圆锥面宏程序应用

4.3.1　零件图及加工内容

加工零件的毛坯为φ48mm×55mm 的圆钢棒料，需要加工如图 4-9 所示的圆锥零件，材料为 45 钢，试编写数控车加工宏程序代码。

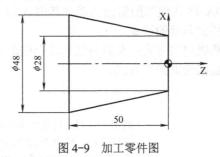

图 4-9 加工零件图

4.3.2 分析零件图

该实例要求车削成形一个圆锥面，圆锥大径为 ϕ48mm、小径为 ϕ28mm、圆锥长度为 50mm，圆锥度大径和小径的差值 20mm，加工和编程之前需要考虑合理选择机床类型、数控系统、装夹方式、切削用量和切削方式（具体参阅 4.2.2 节内容）等。其中：

1）编程原点：编程原点及其编程坐标系如图 4-9 所示。

2）车削圆锥方式：Z 向直线单向切削；X（轴）向背吃刀量为 2mm（直径）。

3）设置切削用量见表 4-2。

表 4-2 车削外圆锥面的工序卡

工序	主要内容	设备	刀具	切削用量		
				转速 /（r/min）	进给量 /（mm/r）	背吃刀量 /mm
1	粗车锥面	数控车床	90° 外圆车刀	2500	0.2	2
2	精车锥面	数控车床	90° 外圆车刀	3500	0.15	0.3

4.3.3 分析加工工艺

该零件是车削外圆锥面应用实例，车削锥面加工思路较多，在此给出三种常见加工思路：

（1）"平行线"法车削锥面 X、Z 轴从起刀点位置快速移至加工位置（X46 Z0）→X、Z 轴两轴联动进给至 X48 Z–1→X 轴沿正方向快速移动 1mm→Z 轴快速移至 Z0→X 轴快速移至 X44→X、Z 轴两轴联动进给至 X48Z-2……如此循环完成车削锥面。

（2）FANUC 系统"G71"法车削锥面

1）根据锥面轮廓的线性方程，由 X（X 作为自变量）计算对应的 Z（Z 作为因变量）。

2）X 轴进给至外圆直径尺寸（X），采用 G01 方式车削 Z 轴长度值为 Z 的外圆。

3）刀具快速移至加工起点，加工余量减小背吃刀量，跳转至步骤 1），如此循环直到加工余量等于 0 时，循环结束。

4）半精加工、精加工锥面型面。

（3）西门子 802C 系统 "LCYC95" 法车削锥面

1）根据锥面轮廓的线性方程，由 X（X 作为自变量）计算对应的 Z（Z 作为因变量），并计算车削锥面终点（X_1、Z_1）。

2）X 轴进给至外圆直径尺寸（X），采用 G01 方式车削 Z 轴长度值为 Z 的外圆。

3）车削 X、Z 轴起点坐标为（X、Z），终点坐标为（X_1、Z_1）的锥面。

4）刀具退刀至切削加工起点，加工余量减小背吃刀量，跳转至步骤 1），如此循环直到加工余量等于 0 时，循环结束。零件粗加工完毕。

4.3.4　选择变量方法

根据选择变量基本原则及本实例具体加工要求，选择变量方式如下：

在车削锥面过程中，锥面小端直径由 48mm 逐渐减小至 28mm，且 X 轴、Z 轴尺寸均发生改变。X、Z 轴变化规律：X 轴变量 1mm，Z 轴变化 5mm。符合变量设置原则：优先选择加工中 "变化量" 作为变量，因此选择 "X 轴尺寸" 作为变量，设置#100 号变量控制 X 轴变化，赋初始值 48；设置变量#101 控制 Z 轴变化，并赋初始值 0。

4.3.5　选择程序算法

车削外圆锥面采用宏程序编程时，需要考虑以下问题：一是怎样实现循环车削锥面；二是怎样控制循环的结束（实现 Z 轴变化）。下面进行分析：

（1）实现循环车削锥面　设置变量#100 控制 X 轴变化，赋初始值 48；设置变量#101 控制 Z 轴变化，并赋初始值 0。通过语句#100 = #100λ−2 控制每次车削锥面 X 轴起始位置；通过语句#101 = #101+5 控制每次车削锥面 Z 轴终点位置。

X、Z 轴两轴联动进给至 X48 Z[0−#101]后，X 轴沿正方向快速移动 1mm，Z 轴快速移至加工位置 Z_1（终点位置）……如此循环，形成车削锥面循环。

（2）控制循环的结束　车削一次锥面循环后，通过条件判断语句，判断加工是否结束。若加工结束，则退出循环；若加工未结束，则 X 轴再次快速移至 X[#100]，Z 轴再次进给至 Z0，X、Z 轴两轴联动进给至 X48 Z[0−#101]……如此循环，形成整个车削锥面循环。

4.3.6　绘制刀路轨迹

1）根据加工工艺分析及选择程序算法分析，用 "平行线" 方法车削锥面刀路轨迹和车削斜角刀路轨迹相似，请读者参考图 4-6、图 4-7 所示，在此不再赘述。

2）用 FANUC 系统"G71"指令方法车削锥面，刀路轨迹如图 4-10 所示。

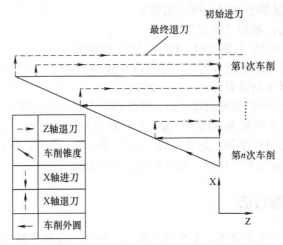

图 4-10 "G71"指令方法车削锥面刀路轨迹图

3）用西门子 802C 系统"LCYC95"指令方法车削锥面，刀路轨迹如图 4-11 所示。

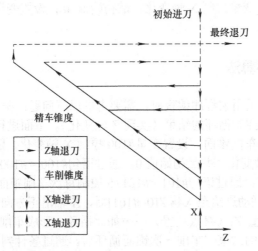

图 4-11 "LCYC95"指令方法车削锥面刀路轨迹图

4.3.7 绘制流程图

根据以上算法设计和分析，"平行线"方法车削锥面流程图如图 4-12 所示，FANUC "G71"指令方法车削锥面流程图如图 4-13 所示，西门子"LCYC95"指令方法车削锥面，如图 4-14 所示。

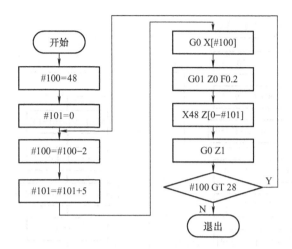

图 4-12　"平行线"方法车削锥面流程图

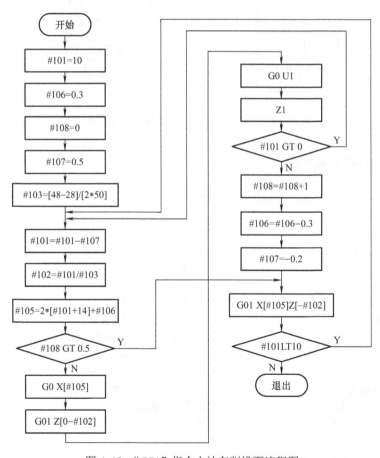

图 4-13　"G71"指令方法车削锥面流程图

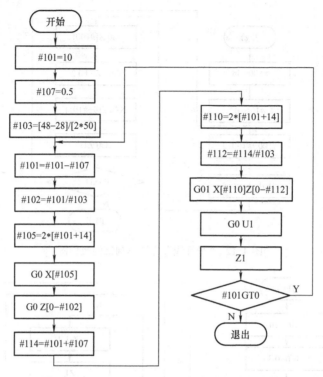

图 4-14 "LCYC95" 指令方法车削锥面流程图

4.3.8 编制程序代码

程序 1: "平行线" 方法车削锥面宏程序代码

O4004;	
T0101;	(调用 1 号刀具及其补偿参数)
M03 S2500;	(主轴正转，转速为 2500r/min)
G0 X49 Z10;	(X、Z 轴快速移至 X49 Z10)
Z1;	(Z 轴快速移至 Z1)
M08;	(打开切削液)
#100 = 48;	(设置变量#100，控制 X 轴尺寸)
#101 = 0;	(设置变量#101，控制 Z 轴尺寸)
N10 #100 = #100–2;	(变量#100 依次减小 2mm)
#101 = #101 + 5;	(变量#101 依次增加 5mm)
G0 X[#100];	(X 轴快速移至 X[#100])
G01 Z0 F0.2;	(Z 轴进给至 Z0)
X48 Z[0–#101];	(车削锥面)
G0 Z1;	(Z 轴快速移至 Z1)
IF [#100 GT 28] GOTO 10;	(条件判断语句，若变量#100 的值大于 28，则跳转到

标号为 10 的程序段处执行，否则执行下一程序段）

G0 X100 Z100；	（X、Z 轴快速移至 X100 Z100）
G28 U0 W0；	（X、Z 轴返回参考点）
M05；	（主轴停止）
M09；	（关闭切削液）
M30；	

编程总结：

1）程序 O4004 采用"平行线"方法车削锥面宏程序代码。该思路相当于把加工轮廓进行平移，平移距离的依据是毛坯余量。

2）该编程思路的关键：X、Z 轴同步增大至零件轮廓的尺寸，可分以下几个步骤：①根据加工零件尺寸以及加工余量合理确定加工循环的次数；②X 轴、Z 轴加工余量分开考虑、设置不同的变量控制相应的加工余量；③去除 X、Z 轴余量可以采用不同的处理方式，确保 X、Z 轴尺寸同时增大至零件尺寸，见程序中语句#100 = #100-2 和#101 = #101 + 5。

3）条件判断语句 IF [#100 GT 28] GOTO10，控制车削锥面循环。

程序 2：FANUC "G71"指令方法车削锥面宏程序代码

O4005；	
T0101；	（调用 1 号刀具及其补偿参数）
M03 S2500；	（主轴正转，转速为 2500r/min）
G0 X49 Z10；	（X、Z 轴快速移至 X49 Z10）
Z1；	（Z 轴快速移至 Z1）
#101 = 10；	（设置变量#101，控制锥面 X 轴变化）
#106 = 0.3；	（设置变量#106，控制精加工余量）
#107 = 0.5；	（设置变量#107，控制步距）
#108 = 0；	（设置变量#108，标志变量）
#103 = [48–28]/[2*50]；	（计算变量#103 的值，锥面斜率）
N10 #101 = #101–#107；	（变量#101 依次减去#107 号变量值）
#102 = #101/#103；	（根据锥面线性方程，由 X 值计算 Z 值）
#105 = 2*[#101+14]+#106；	（计算变量#105 的值，程序中对应 X 值）
IF [#108 GT 0.5] GOTO20；	（条件判断语句，若变量#108 的值大于 0.5，则跳转到标号为 20 的程序段处执行，否则执行下一程序段）
G0 X[#105]；	（X 轴快速移至 X[#105]）
G01 Z[0–#102] F0.2；	（车削直线，去除毛坯余量）
G0 U1；	（X 轴沿正方向快速移动 1mm）
Z1；	（Z 轴快速移至 Z1）
IF [#101 GT 0] GOTO10；	（条件判断语句，若#101 号变量的值大于 0，则跳转到标号为 10 的程序段处执行，否则执行下一程序段）
#108 = #108 + 1；	（变量#108 依次增加 1）
#106 = #106–0.3；	（变量#106 依次减小 0.3）
#107 = –0.2；	（变量#107 重新赋值–0.2）

N20 G01 X[#105] Z[−#102] F0.15；　　（车削锥面）

IF [#101 LT 10] GOTO10；　　（条件判断语句，若变量#101值小于10，则跳转到标
　　　　　　　　　　　　　　　号为10的程序段处执行，否则执行下一程序段）

G0 X100；　　　　　　　　　　（X轴快速移至X100）

Z100；　　　　　　　　　　　　（Z轴快速移至Z100）

G28 U0 W0；　　　　　　　　　（X、Z轴返回参考点）

M05；　　　　　　　　　　　　（主轴停止）

M09；　　　　　　　　　　　　（关闭切削液）

M30；

编程总结：

1）FANUC系统的内外圆粗车复合循环（以外轮廓粗加工为例），根据毛坯计算加工余量，以车削外圆的方式无限逼近零件轮廓，在粗车结束后，系统会自动增加一次车削零件轮廓的刀路轨迹。

2）粗加工后，零件形状由无限逼近轮廓的外圆组成，粗加工的背吃刀量决定了相邻外圆的台阶厚度。

3）重新赋值语句#107=−0.2实现了粗加工X轴的变化由大变小，精加工X轴的变化由小变大的转换。

4）标志变量为#108，标志变量不参与程序运行在必要时只改变程序执行流向，避免了无限（死）循环。

程序3：西门子802C系统"LCYC95"指令方法车削锥面宏程序代码

O4006；

T0101；　　　　　　　　　　　　（调用1号刀具及其补偿参数）

M03 S2500；　　　　　　　　　　（主轴正转，转速为2500r/min）

G0 X49 Z10；　　　　　　　　　 （X、Z轴快速移至X49 Z10）

Z1；　　　　　　　　　　　　　 （Z轴快速移至Z1）

#101 = 10；　　　　　　　　　　 （设置变量#101，控制锥面X轴变化）

#107 = 0.5；　　　　　　　　　　（设置变量#107，控制步距）

#103 = [48-28]/[2*50]；　　　　 （计算变量#103的值，锥面斜率）

N10 #101 = #101−#107；　　　　　（变量#101依次减去变量#107的值）

#102 = #101/#103；　　　　　　　（根据锥面线性方程，由X的值计算Z的值）

#105 = 2*[#101+14]；　　　　　　（计算变量#105的值，程序中对应X的值）

G0 X[#105]；　　　　　　　　　　（X轴快速移至X[#105]）

G01 Z[0−#102] F0.2；　　　　　　（车削直线，去除毛坯余量）

#114 = #101+#107；　　　　　　　（计算变量#114的值）

#110 = 2*[#114+14]；　　　　　　（计算变量#110，程序中对应X值）

#112 = #114/#103；　　　　　　　（根据锥面线性方程，由X的值计算Z的值）

G01 X[#110] Z[0−#112] F0.15；　　（车削锥面）

G0 U1；　　　　　　　　　　　　（X轴沿正方向快速移动1mm）

Z1；　　　　　　　　　　　　　 （Z轴快速移至Z1）

IF [#101 GT 0] GOTO 10；　　　　（条件判断语句，若变量#101的值大于0，则跳转到标

号为 10 的程序段处执行，否则执行下一程序段）

G0 X100；　　　　　　　　　（X 轴快速移至 X100）

Z100；　　　　　　　　　　　（Z 轴快速移至 Z100）

G28 U0 W0；　　　　　　　　（X、Z 轴返回参考点）

M05；　　　　　　　　　　　（主轴停止）

M09；　　　　　　　　　　　（关闭切削液）

M30；

编程总结：

1）"LCYC95"指令方法的编程思路是根据零件轮廓线性方程，计算出直径和长度的关系。设置变量#101 控制零件形状的 X 轴变化，变量#102 控制零件形状的 Z 轴变化，由 X 值（#101）计算出相对应的 Z 值（#102）的变化规律，然后 X 轴进给至切削位置，车削外圆（去除余量）。

2）粗加工一次后，再次根据 X 的值计算 Z 的值，此时 X 值必须是上一次（非本次）粗加工时的 X 值，参见程序中的语句#114 = #101 + #107 和#112 = #114/#103。

3）"LCYC95"指令方法编程思路关键：根据零件轮廓的线性方程，计算 X 轴和 Z 轴之间的对应关系，在粗加工一次后，需要根据零件轮廓的线性方程计算精加工轮廓时 X 轴和 Z 轴的对应关系，在实际编程中可以采用不同变量控制。

4.4　实例 4-3 车削外圆 V 形沉槽的宏程序应用

4.4.1　零件图及加工内容

加工零件如图 4-15 所示，车削外圆 V 形沉槽，毛坯尺寸为 $\phi60mm \times 80mm$，材料为铝合金，$\phi60mm$ 外圆已加工。要求编写数控车外圆 V 形沉槽宏程序代码。

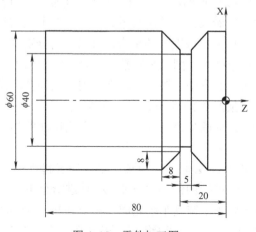

图 4-15　零件加工图

4.4.2　分析零件图

该实例要求车削外圆 V 形沉槽，毛坯尺寸为 $\phi60mm\times80mm$，$\phi60mm$ 外圆已加工。根据加工零件图以及毛坯，加工和编程之前需要考虑合理选择机床类型、数控系统、装夹方式、刀具、量具、切削用量、编程原点和切削方式（具体参阅 4.2.2 节内容），其中：

1）刀具：①90°外圆车刀（1 号刀）；②刀宽为 4mm 的外圆切槽刀（2 号刀）。

2）量具：V 形块专用检具（检验 V 形槽）。

3）编程原点：编程原点及其编程坐标系如图 4-15 所示。

4）设置切削用量见表 4-3。

表 4-3　车削外圆 V 形沉槽工序卡

工序	主要内容	设备	刀具	切削用量		
				转速 /（r/min）	进给量 /（mm/r）	背吃刀量 /mm
1	车削矩形槽	数控车床	切槽刀	350	0.03	2
2	车削左边半 V 形沉槽	数控车床	切槽刀	350	0.03	2
3	车削右边半 V 形沉槽	数控车床	切槽刀	350	0.03	2
4	精车 V 形槽	数控车床	切槽刀	350	0.03	0.3

4.4.3　分析加工工艺

该零件是车削外圆 V 形槽应用实例，加工的主要思路和步骤如下：

V 形沉槽通常可以看成：由外圆沉槽、一个正锥面（右边半 V 形槽）、一个负锥面（左边半 V 形槽）组成图形的集合，可以采用分别加工，最后精加工整个轮廓的加工策略，V 形槽的车削工艺通常分为以下四个加工步骤：

1）车削 V 形底部的直槽。该步骤通常采用车削外圆沉槽的方式加工，但在实际加工中通常需要预留 0.2～0.3mm 的加工余量。

2）车削左边半 V 形槽。该步骤通常采用车削锥面的加工方式，具体加工步骤如下：

计算锥面的斜率→X、Z 轴进给至该层锥度加工起点→车削该层锥面→X、Z 轴快速退刀→计算下一层锥面的斜率→X、Z 轴进给至下一层锥度加工起点→车削下一层锥面……直到车削锥度车削完成（需要 0.2～0.3mm 的加工余量）。

3）车削右边半 V 形槽。该步骤通常采用车削锥面的加工方式，具体加工步骤如下：计算该层锥面的斜率→X、Z 轴进给至该层锥面加工起点→车削该层锥面→X、Z 轴快速退刀→计算下一层锥面的斜率→X、Z 轴进给至下一层锥度加工起点→车削下一层锥面……直到车削锥面完成（需要 0.2～0.3mm 的加工余量）。

4）精车 V 形槽轮廓。

4.4.4　选择变量方法

根据选择变量基本原则及本实例具体加工要求，选择变量方式如下：

1）在车削直（矩形）槽时，槽直径由 60mm 逐渐减小至 40mm 且位置不发生改变。符合变量设置原则：优先选择加工中"变化量"作为变量，因此选择"X 轴尺寸"作为变量，设置变量#100 控制 X 轴变化，赋初始值 60。

2）车削左边半 V 形槽，锥面 Z 轴起点由-20 逐渐减小至-28，X 轴由 60mm 逐渐减小至 52mm。Z、X 轴呈 1:1 规律变化。符合变量设置原则：优先选择加工中"变化量"作为变量，因此选择"Z 轴尺寸"作为变量，设置变量#110 控制 Z 轴变化，赋初始值 0；设置变量#111 控制 X 轴变化，赋初始值 0。

3）车削右边半 V 形槽，锥面 Z 轴起点由-15 逐渐增大至-7，X 轴由 60mm 逐渐减小至 52mm。Z、X 轴呈 1:1 规律变化。符合变量设置原则：优先选择加工中"变化量"作为变量，因此选择"Z 轴尺寸"作为变量，设置变量#120 控制 Z 轴变化，赋初始值 0；设置变量#121 控制 X 轴变化，赋初始值 0。

4.4.5　选择程序算法

1）车削沉（矩形）槽采用宏程序编程时，需要考虑以下问题：一是怎样实现循环车削槽；二是怎样控制循环的结束（实现 X 轴变化），下面进行分析：

① 实现循环车削槽。设置变量#100 控制 X 轴加工余量。赋初始值 60。通过语句#100=#100-2 控制 X 轴的加工位置。Z 轴快速移至 Z-20，X 轴进给至 X[#100]，X 轴沿正方向快速移动 2.5mm，Z 轴沿正方向快速移动 1mm，X 轴再次进给至 X[#100]，Z 轴沿负方向进给 1mm。

② 控制循环的结束。车削一次矩形槽循环后，通过条件判断语句，判断加工是否结束。若加工结束，则退出循环；若加工未结束，则再次进行车削循环……如此循环，形成整个车削矩形槽。

2）车削左边半 V 形槽采用宏程序编程时，需要考虑以下问题：一是怎样实现循环车削；二是怎样控制循环的结束（实现 X 轴变化），下面进行分析：

① 实现循环车削。设置变量#110 控制 Z 轴变化，赋初始值 0；设置变量#111 控制 X 轴变化，赋初始值 0。通过语句#110 = #110+1 控制锥面起始位置（Z 轴）

变化；通过语句#111＝#111+1实现锥面起始位置（X轴）变化。车削一次锥面X、Z起点位置相应发生改变，车削锥面终点位置不变。

② 控制循环的结束。车削一次左边半V形槽循环后，通过条件判断语句，判断加工是否结束。若加工结束，则退出循环；若加工未结束，则再次进行车削循环……如此循环，形成整个车削左边半V形槽。

3）车削右边半V形槽请读者参考上述2），在此不再赘述。

4.4.6 绘制刀路轨迹

1）根据加工工艺分析及选择程序算法分析，车削左半边V形槽刀路轨迹如图4-16所示，车削右半边V形槽刀路轨迹如图4-17所示，精车V形槽刀路轨迹如图4-18所示。

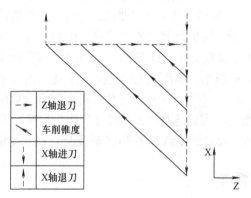

图4-16 车削左半边V形槽

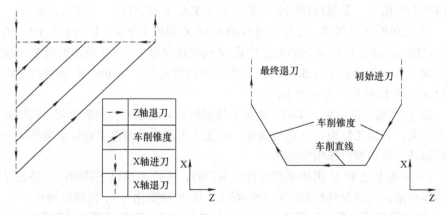

图4-17 车削右半边V形槽   图4-18 精车V形槽刀路轨迹图

2）粗、精加工V形槽刀路轨迹图如图4-19所示。

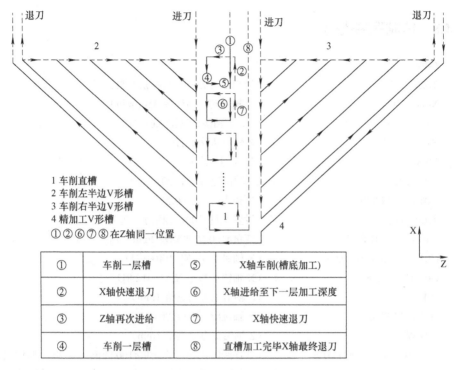

①	车削一层槽	⑤	X轴车削(槽底加工)
②	X轴快速退刀	⑥	X轴进给至下一层加工深度
③	Z轴再次进给	⑦	X轴快速退刀
④	车削一层槽	⑧	直槽加工完毕X最终退刀

图 4-19　粗、精加工车削 V 形槽刀路轨迹图

4.4.7　绘制流程图

根据以上分析，绘制程序流程图如图 4-20 所示。

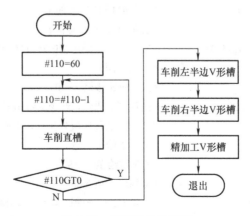

图 4-20　程序设计流程图

4.4.8 编制程序代码

O4007;	
T0202;	（调用 2 号刀具及其补偿参数）
M03 S350;	（主轴正转，转速为 350r/min）
G0 X61 Z10;	（X、Z 轴快速移至 X61 Z10）
Z1;	（Z 轴快速移到 Z1）
M08;	（打开切削液）
G0 Z-20;	（Z 轴快速移至 Z-20）
G01 X60.3 F0.2;	（X 轴进给至 X60.3）
#100 = 60;	（设置变量#100，控制加工直槽尺寸）
N10 #100 = #100−2;	（变量#100 依次减去 2mm）
G01 X[#100+0.3] F0.03;	（X 轴进给至 X[#100+0.3]）
G0 X[#100+2.8];	（X 轴快速移至 X[#100+2.8]）
W1;	（Z 轴沿正方向进给 1mm）
G01 X[#100+0.3];	（X 轴进给至 X[#100+0.3]）
G01 W−1;	（Z 轴沿负方向进给 1mm）
IF [#100 GT 40] GOTO10;	（条件判断语句，若变量#100 的值大于 40，则跳转到标号为 10 的程序段处执行，否则执行下一程序段）
G01 X61 F1;	（X 轴进给至 X61）
Z−20;	（Z 轴进给至 Z−20）
G01 X60 F0.2;	（X 轴进给至 X60）
#110 = 0;	（变量#110 控制左半边 V 形槽 Z 向加工距离）
#111 = 0;	（变量#111 控制左半边 V 形槽 X 向变化）
N20 #110 = #110 + 1;	（变量#110 依次增加 1）
#111 = #111 + 1;	（变量#111 依次增加 1）
G01 U[−2*#111+0.3] F0.03;	（X 轴沿负方向进给[−2*#111+0.3]）
X60 W[−#110];	（车削锥面）
G0 Z−20;	（Z 轴快速移至 Z−20）
IF [#110 LT 8] GOTO20;	（条件判断语句，若变量#110 的值小于 8，则跳转到标号为 20 的程序段处执行，否则执行下一程序段）
G01 X61 F1;	（X 轴进给至 X61）
Z−19;	（Z 轴进给至 Z−19）
X60 F0.2;	（X 轴进给至 X60）
#120 = 0;	（变量#120，控制右半边 V 形槽 Z 向加工距离）
#121 = 0;	（变量#121 控制左半边 V 形槽 X 向变化）

N30 #120 = #120+1；	（变量#120 依次增加 1）
#121 =#121+1；	（变量#121 依次增加 1）
G01 U[−2*#121+0.3] F0.03；	（X 轴沿负方向进给[−2*#110+0.3]）
X60 W[#120]；	（车削锥面）
G0 Z−19；	（Z 轴进给至 Z−19）
IF [#120 LT 8] GOTO 30；	（条件判断语句，若变量#120 的值小于 8，则跳转到标号为 30 的程序段处执行，否则执行下一程序段）
G01 X61 F1；	（X 轴进给至 X61）
Z−11；	（Z 轴进给至 Z−11）
G01 X60 F0.5；	（X 轴进给至 X60）
G01 X44 W−8；	（车削锥面）
G01 X40；	（X 轴进给 X40）
W−1；	（Z 轴沿负方向进给 1mm）
X44；	（X 轴进给 X44）
X60 W−8；	（车削锥面）
G01 X61 F1；	（X 轴进给至 X61）
X100；	（X 轴快速移至 X100）
G0 Z100；	（Z 轴快速移至 Z100）
G28 U0 W0；	（X、Z 轴返回参考点）
M09；	（关闭切削液）
M05；	（关闭主轴）
M30；	

编程总结：

1）车削 V 形沉槽采用宏程序编写加工程序代码，其编程的关键是：设置变量#100 控制车削外圆沉槽径向尺寸，设置变量#110 控制车削左半边 V 形沉槽轴向尺寸，设置变量#120 控制车削右半边 V 形沉槽的轴向尺寸。

2）通过语句#100 = #100−2、#110 = #110+1、#120 = #120+1 以及相对应的条件判断语句实现了分层车削。

4.5　实例 4-4 车削内孔锥面宏程序应用

4.5.1　零件图及加工内容

加工零件图如图 4-21 所示，车削内孔锥面，毛坯为 ϕ60mm×20mm 的圆钢棒料（ϕ30mm 底孔已加工），要求编写数控车削内锥孔的宏程序。

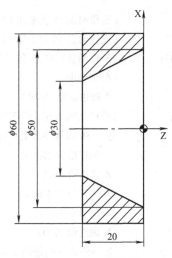

图 4-21　加工零件图

4.5.2　分析零件图

　　该实例要求车削内锥孔，毛坯为ϕ60mm×20mm 的图（ϕ30mm 底孔已加工）。根据加工零件图以及毛坯，加工和编程之前需要考虑合理选择机床类型、数控系统、装夹方式、刀具、量具、切削用量、编程原点和切削方式（具体参阅 4.2.2 节内容），其中：

　　1）刀具：通孔镗孔刀。

　　2）量具：锥面塞规。

　　3）编程原点：编程原点及其编程坐标系如图 4-21 所示。

　　4）设置切削用量见表 4-4。

表 4-4　数控车削内孔锥面的工序卡

工序	主要内容	设备	刀具	切削用量		
				转速 /（r/min）	进给量 /（mm/r）	背吃刀量 /mm
1	粗车锥面	数控车床	通孔镗孔刀	1500	0.2	2
2	精车锥面	数控车床	通孔镗孔刀	3000	0.12	0.3

4.5.3　分析加工工艺

　　该零件是车削内孔锥面应用实例，车削内孔锥面加工思路较多，在此给出两种常见加工思路：

（1）"平行线"方法车削锥面　"平行线"法车削锥面思路：X、Z 轴从起刀点位置快速移至加工位置（X32、Z0）→车削锥面型面（X、Z 轴两轴联动进给至 X30、Z-0.5）→X 轴沿负方向快速移动 1mm→Z 轴快速移至 Z0→X 轴快速移至 X34→车削锥度型面（X、Z 轴两轴联动进给至 X30 Z-1）……如此循环完成车削锥度型面。

（2）FANUC 系统"G71"指令方法车削锥面

1）根据锥面轮廓的线性方程，由 X 值（X 作为自变量）计算对应的 Z 值（Z 作为因变量）。

2）X 轴进给至外圆直径尺寸（X_1），采用 G01 方式车削 Z 轴长度值为 Z_1 的外圆。

3）刀具快速移至加工起点，加工余量减小背吃刀量，跳转至步骤 1），如此循环直到加工余量等于 0 时，循环结束。

4）半精加工、精加工锥面型面。

4.5.4　选择变量方法

根据选择变量基本原则及本实例具体加工要求，选择变量方式如下：

（1）"平行线"方法车削锥面　在车削锥面过程中，锥面大端直径由底孔 30mm 逐渐增大至 50mm。X 轴、Z 轴尺寸均发生改变。X、Z 轴变化规律：X 轴变化为 2mm，Z 轴相应变化为 1mm。符合变量设置原则：优先选择加工中"变化量"作为变量，因此选择"X 轴尺寸"作为变量，设置变量#100 控制 X 轴变化，赋初始值 30；设置变量#101 控制 Z 轴变化，赋初始值 0。

（2）FANUC 系统"G71"指令方法车削锥面　在车削锥面过程中，锥面大端直径由底孔 30mm 逐渐增大至 50mm，增加了 20mm，且 X 轴、Z 轴尺寸均发生改变。X、Z 轴变化规律：X 轴变化为 2mm，Z 轴相应变化为 1mm。符合变量设置原则：优先选择加工中"变化量"作为变量，因此选择"X 轴变化量"作为变量，设置变量#101 控制 X 轴变化，赋初始值 0。

4.5.5　选择程序算法

车削内孔锥面采用宏程序编程时，需要考虑以下问题：一是怎样实现循环车削锥面；二是怎样控制循环的结束（实现 Z 轴变化）。下面进行分析：

1. "平行线"方法车削锥面

1）实现循环车削锥面。设置变量#100 控制 X 轴变化，赋初始值 30；设置变量#101 控制 Z 轴变化，赋初始值 0。通过语句#100＝#100＋2 控制 X 轴每次加工位置。X、Z 轴两轴联动进给至 X30 Z[0−#101]，X 轴沿负方向快速移动 1mm，Z

轴快速移至 Z1，形成车削内孔锥面循环。

2）控制循环的结束。车削一次锥面循环后，通过条件判断语句，判断加工是否结束。若加工结束，则退出循环；若加工未结束，则 X 轴再次快速移至 X[#100]，Z 轴再次进给至 Z0，X、Z 轴两轴联动进给至 X30 Z[0−#101]……如此形成整个车削锥面循环。

2. FANUC 系统"G71"指令方法车削锥面

1）实现循环车削锥度。设置变量#101 控制 X 轴变化，赋初始值 0。通过语句#101＝#101+1 控制每次车削内孔锥面时 X 轴的加工位置。X 轴快速移至 X[#105]（考虑精加工余量），Z 轴车削外圆（目的是去除加工余量），X 轴沿负方向快速移动 1mm，Z 轴快速移至加工起点……形成车削一次内孔锥面循环。

2）控制循环的结束。请读者参考"平行线"方法车削锥面所述，在此不再赘述。

4.5.6 绘制刀路轨迹

根据加工工艺分析及选择程序算法分析，"平行线"方法车削锥面刀路轨迹如图 4-22 所示，FANUC 系统"G71"指令方法车削锥面刀路轨迹如图 4-23 所示。

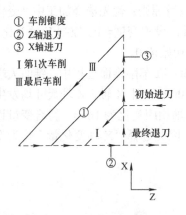

图 4-22 "平行线"法车削内孔
锥面刀路轨迹示意图

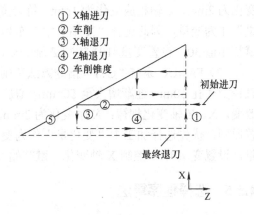

图 4-23 "G71"指令法车削内孔锥面
刀路轨迹示意图

4.5.7 绘制流程图

根据以上分析，绘制程序流程图，如图 4-24、图 4-25 所示。

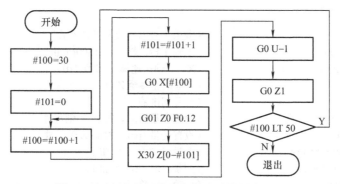

图 4-24 "平行线"方法车削内孔锥面流程图

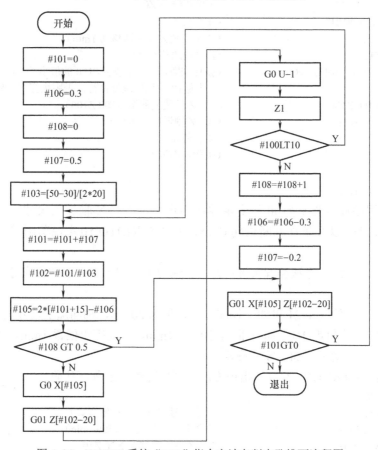

图 4-25 FANUC 系统"G71"指令方法车削内孔锥面流程图

4.5.8 编制程序代码

程序 1："平行线"方法车削内孔锥面宏程序代码

```
O4008;
T0101;                          （调用 1 号刀具及其补偿参数）
M03 S1500;                      （主轴正转，转速为 1500r/min）
G0 X20 Z10;                     （X、Z 轴快速移至 X20 Z10）
Z1;                             （Z 轴快速移至 Z1）
M08;                            （打开切削液）
#100 = 30;                      （设置变量#100，控制 X 轴尺寸）
#101 = 0;                       （设置变量#101，控制 Z 轴尺寸）
N10 #100 = #100 +1;             （变量#100 依次增加 1）
#101 = #101 + 1;                （变量#101 依次增加 1）
G0 X[#100];                     （X 轴快速移至 X[#100]）
G01 Z0 F0.12;                   （Z 轴进给至 Z0）
X30 Z[0−#101];                  （车削锥面）
G0 U−1;                         （X 轴沿负方向快速移动 1mm）
G0 Z1;                          （Z 轴快速移至 Z1）
IF [#100 LT 50] GOTO10;         （条件判断语句，若变量#100 的值小于 50，则跳转到
                                标号为 10 的程序段处执行，否则执行下一程序段）
G0 X100 Z100;                   （X、Z 轴快速移至 X100 Z100）
G28 U0 W0;                      （X、Z 轴返回参考点）
M05;                            （主轴停止）
M09;                            （关闭切削液）
M30;
```

编程总结：

1）程序通过设置#100 号变量并作为步距，控制 X 轴加工尺寸，通过语句
#100= #100+1 以及条件判断语句 IF [#100 LT 50]GOTO 10 实现车削锥面（内孔）
循环。

2）"平行线"方法编程关键：X、Z 轴同步增加至零件的图样尺寸，详细的
分析如下：

由加工零件图 4-21 可知：径向加工余量为 20mm，轴向加工尺寸为 20mm，
因此 X 和 Z 比值为 1:1，即 X 向等距偏置 1mm，Z 向等距偏置 1mm，以保证 X
向和 Z 向同步增大至加工零件图样尺寸。

程序 2：FANUC "G71" 指令方法车削内孔锥面宏程序代码

```
O4009;
T0101;                          （调用 1 号刀具及其补偿参数）
M03 S1500;                      （主轴正转，转速为 1500r/min）
G0 X20 Z10;                     （X、Z 轴快速移至 X20 Z10）
Z1;                             （Z 轴快速移至 Z1）
#101 = 0;                       （设置变量#101，控制锥面 X 轴变化）
#106 = 0.3;                     （设置变量#106，控制精加工余量）
#107 = 0.5;                     （设置变量#107，控制步距）
#108 = 0;                       （设置变量#108，标志变量）
```

#103 = [50−30]/[2*20]；	（计算变量#103 的值，锥面的斜率）
N10 #101 = #101+#107；	（变量#101 依次增加变量#107 的值）
#102 = #101/#103；	（根据锥面线性方程，由 X 值计算 Z 值）
#105 = 2*[#101+15] −#106；	（计算变量#105 的值，程序中对应 X 值）
IF [#108 GT 0.5] GOTO20；	（条件判断语句，若变量#108 的值大于 0.5，则跳转到标号为 20 的程序段处执行，否则执行下一程序段）
G0 X[#105]；	（X 轴快速移至 X[#105]）
G01 Z[#102−20] F0.2；	（Z 轴进给至 Z[#102−20]）
G0 U−1；	（X 轴沿负方向快速移动 1mm）
Z1；	（Z 轴快速移至 Z1）
IF [#101 LT 10] GOTO10；	（条件判断语句，若变量#101 的值小于 10，则跳转到标号为 10 的程序段处执行，否则执行下一程序段）
M03 S3000；	（主轴正转，转速 3000r/min）
#108 = #108+1；	（变量#108 依次增加 1mm）
#106 = #106−0.3；	（变量#106 依次减小 0.3mm）
#107 =−#107；	（变量#107 取负）
N20 G01 X[#105] Z[#102−20] F0.08；	（车削内孔锥面）
IF [#101 GT 0] GOTO10；	（条件判断语句，若变量#101 的值大 0，则跳转到标号为 10 的程序段处执行，否则执行下一程序段）
G0 U−1；	（X 轴沿负方向快速移动 1mm）
Z100；	（Z 轴快速移至 Z100）
X100；	（X 轴快速移至 X100）
G28 U0 W0；	（X、Z 轴返回参考点）
M05；	（主轴停止）
M09；	（关闭切削液）
M30；	

编程总结：

1）标志变量为#108，标志变量不参与程序运行，在必要时只改变程序执行流向，避免了无限循环。

2）步距变量为#107，需要重新赋值（取负运算）。粗加工变量#101 的值由 0 由逐渐增加至 10，精车锥面轮廓，变量#101 的值由 10 由逐渐减小至 0。

3）Z[#102−20]是由锥面直线方程计算得出的，是 Z 向车削距离的依据。

4）车削内锥面和外锥面的区别：车削内锥面的 X 向进刀方向和退刀方向是相反的。

4.6　实例 4-5 车削单线锥面外螺纹宏程序应用

4.6.1　零件图及加工内容

加工零件如图 4-26 所示，车削单线外圆锥螺纹，除了螺纹外，其他尺寸已加工，其中齿形角度为 60°，毛坯尺寸为 ϕ40mm×55mm，材料为 45 钢，试编写数控车车削单线锥面外螺纹宏程序代码。

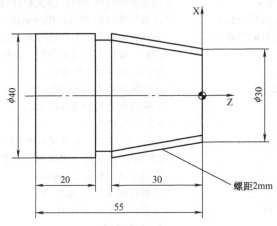

图 4-26　锥面外螺纹零件加工图

4.6.2　分析零件图

该实例要求数控车锥螺纹，加工和编程之前需要考虑合理选择机床类型、数控系统、装夹方式、刀具、量具、切削用量、编程原点和车削螺纹方式（具体参阅 4.2.2 节内容），其中：

1）刀具：60° 外圆螺纹车刀（1 号刀）。

2）量具：螺纹环规、螺纹紧密距规、螺纹接头。

3）编程原点：编程原点及其编程坐标系如图 4-26 所示。

4）设置切削用量见表 4-5。

表 4-5　车削单线锥面三角外螺纹加工工序卡

工序	主要内容	设备	刀具	切削用量		
				转速 /（r/min）	进给量 /（mm/r）	背吃刀量 /mm
1	粗车锥面螺纹	数控车床	螺纹车刀	800	2	0.5、0.3、0.2
2	精车锥面螺纹	数控车床	螺纹车刀	800	2	0.05

4.6.3　分析加工工艺

该零件是车削锥面螺纹应用实例，加工思路如下：刀具快速移至螺纹加工起点（X29、Z10）X 轴进给至 X28.7→车削圆锥螺纹→X 轴退出零件表面→Z 轴退至螺纹加工起点→X 轴进给至 X28.2→车削圆锥螺纹→X 轴退出零件表面→Z 轴退至螺纹加工起点……如此循环完成车削外圆锥面螺纹。

4.6.4　选择变量方法

根据选择变量基本原则及本实例具体加工要求，选择变量方法如下：

在车削加工过程中，螺纹牙型深度（单边）由逐渐增大至 1.3mm，且螺纹长度不发生改变，符合变量设置原则；优先选择加工中"变化量"作为变量，因此选择"螺纹牙型深度"作为变量。设置变量#100 控制加工螺纹牙型深度，并赋初始值 0。

4.6.5　选择程序算法

车削螺纹采用宏程序编程时，需要考虑以下问题：一是怎样实现循环车削螺纹；二是怎样控制循环的结束（实现 X 轴变化）。下面进行分析：

（1）实现循环车削螺纹　设置变量#100 控制加工螺纹牙型深度，并赋初始值 0；设置变量#110 控制加工螺纹背吃刀量，并赋初始值 0.5。通过语句#100 = #100 - #110 控制加工螺纹 X 轴位置。Z 轴车削螺纹后，X 轴快速移至 X50、Z 快速退移至 Z10。

（2）控制循环的结束　车削一次端面循环后，通过条件判断语句，判断加工是否结束。若加工结束，则退出循环；若加工未结束，则 X 轴快速移至 X[#100]，Z 轴再次车削螺纹，如此循环形成整个车削螺纹的刀路循环。

4.6.6　绘制刀路轨迹

根据加工工艺分析及选择程序算法分析，绘制单一刀路轨迹如图 4-27 所示，绘制多层循环刀路轨迹如图 4-28 所示。

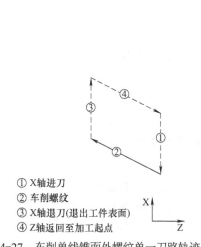

① X轴进刀
② 车削螺纹
③ X轴退刀（退出工件表面）
④ Z轴返回至加工起点

图 4-27　车削单线锥面外螺纹单一刀路轨迹图

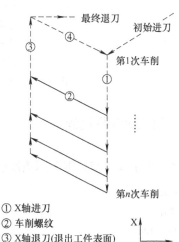

① X轴进刀
② 车削螺纹
③ X轴退刀（退出工件表面）
④ Z轴返回至加工起点

图 4-28　车削单线锥面外螺纹循环刀路轨迹图

4.6.7 绘制流程图

根据以上分析，绘制程序流程图如图 4-29 所示。

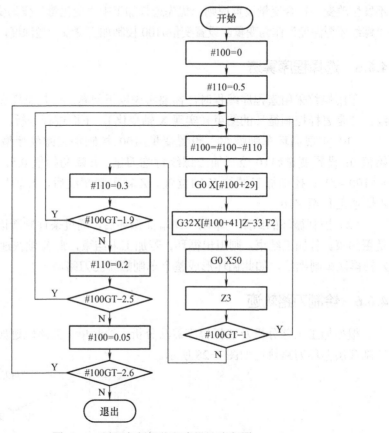

图 4-29 循环车削螺纹程序设计流程图

4.6.8 编制程序代码

1. 采用等深度分层车削螺纹宏程序编写加工程序代码

```
O4010;
T0101;                    （调用 1 号刀具及其补偿参数）
M03 S800;                 （主轴正转，转速为 800r/min）
G0 X29 Z10;               （X、Z 轴快速移至 X29 Z10）
Z3;                       （Z 轴快速移至 Z3）
```

M08；	（打开切削液）
#100 = 0；	（设置变量#100，控制牙型深度）
#110 = 0.3；	（设置变量#110，控制背吃刀量）
N10 #100 = #100−#110；	（变量#100 依次减少#110）
IF [#100 LT−2.6] THEN #100 =−2.6；	（条件赋值语句，若变量#100 的值小于−2.6，则 #100=−2.6）
G0 X[#100 + 29]；	（X 轴快速移至 X[#100+29]）
G32 X[#100 + 41] Z−33 F2；	（车削锥面螺纹）
G0 X50；	（X 轴快速移至 X50）
Z3；	（Z 轴快速移至 Z3）
IF[#100 GT−2.6] GOTO10；	（条件判断语句，若变量#100 的值大于−2.6，则跳转到标号为 10 的程序段处执行，否则执行下一程序段）
G0 X100；	（X 轴快速移至 Z100）
Z100；	（Z 轴快速移至 X100）
G28 U0 W0；	（X、Z 轴返回参考点）
M09；	（关闭切削液）
M05；	（关闭主轴）
M30；	

编程总结：

1）程序 O4010 "等深度" 分层车削单线三角外螺纹宏程序加工代码，设置变量#110 控制加工螺纹背吃刀量。

2）程序 O4010 采用 "平移法" 将锥面螺纹的牙底线平移出一个牙型深度的值，然后将采用分层车削螺纹的方式车削锥面螺纹，见程序中的语句#100 = #100 - #110。

3）条件赋值语句 IF [#100 LT−2.6] THEN #100 =−2.6 的作用：保证螺纹加工最终的牙型深度，该程序中的螺纹牙型深度只是参考值，实际加工需要使用螺纹规进行检验，并进行适当调整。

4）锥面螺纹和圆柱螺纹不同之处在于：加工圆柱螺纹 X 向并无变化，而锥面螺纹 X 向随着 Z 轴变化。

2. 采用等面积分层车削螺纹宏程序编写加工程序代码

O4011；	
T0101；	（调用 1 号刀具及其补偿参数）
M03 S800；	（主轴正转，转速为 800r/min）
G0 X29 Z10；	（X、Z 轴快速移至 X29 Z10）
Z3；	（Z 轴移至 Z3）

```
M08；                              （打开切削液）
#100 = 0；                         （设置变量#100，控制螺纹牙型深度）
#110 = 0.5；                       （设置变量#110，控制加工螺纹背吃刀量）
N10 #100 = #100−#110；             （变量#100 依次减少#110 的值）
IF [#100 LT−2.6] THEN #100 =−2.6； （条件赋值语句，若变量#100 的值小于−2.6 则#100 =
                                   −2.6）
G0 X[#100 + 29]；                  （X 轴快速移至 X[#100+29]）
G32 X[#100 + 41] Z-33 F2；         （车削锥面螺纹）
G0 X50；                          （X 轴快速移至 X50）
Z3；                              （Z 轴快速移至 Z3）
IF [ #100 GT−1] GOTO10；           （条件判断语句，若变量#100 的值大于−1，则跳转到
                                   标号为 10 的程序段处执行，否则执行下一程序段）
#110 = 0.3；                       （变量#110 重新赋值，背吃刀量 0.3mm）
IF [#100 GT−1.9] GOTO10；          （条件判断语句，若变量#100 的值大于−1.9，则跳转到
                                   标号为 10 的程序段处执行，否则执行下一程序段）
#110 = 0.2；                       （变量#110 重新赋值，背吃刀量 0.2mm）
IF [#100 GT−2.5] GOTO10；          （条件判断语句，若变量#100 的值大于−2.5，则跳转到
                                   标号为 10 的程序段处执行，否则执行下一程序段）
#110 = 0.05；                      （变量#110 重新赋值，背吃刀量 0.05mm）
IF [#100 GT−2.6] GOTO10；          （条件判断语句，若变量#100 的值大于−2.6，则跳转到
                                   标号为 10 的程序段处执行，否则执行下一程序段）
G0 Z100；                         （Z 轴快速移至 Z100）
X100；                            （X 轴快速移至 X100）
G28 U0 W0；                        （X、Z 轴返回参考点）
M09；                             （关闭切削液）
M05；                             （关闭主轴）
M30；
```

编程总结：

1）程序 O4010 采用"等面积"分层车削单线锥面外螺纹宏程序加工代码，刀路轨迹图如图 4-28 所示，通过变量#110 控制螺纹每次加工背吃刀量见程序中语句#100=#100−#110。

2）螺纹车削一定深度后，由于深度的增加，刀具承受切削力会加大，容易使螺纹产生扎刀，程序 O4011 通过减少背吃刀量来减少螺纹刀车削时的切削力，通过程序中变量#110 重新赋值以及条件判断语句：IF [#100 GT−1] GOTO10、IF [#100 GT−1.9] GOTO10、IF [#100 GT−2.5] GOTO10、IF [#100 GT−2.6] GOTO10 来实现近似等面积分层车削单线外螺纹。

4.7　本章小结

1）本章介绍了宏程序在车削 45° 斜角、外圆锥面、外圆 V 形沉槽、内圆锥孔、单线锥面外螺纹等带有斜面加工中的运用，也适合内孔、外孔端面倒斜角加工，有的实例给出了不同的编程思路和方法，为后续学习非圆型面宏程序编程提供基础。

2）学习宏程序的关键在于编程思路的提高，多练习变量选择方法、编程思路和逻辑关系是学好宏程序的关键。而且宏程序不仅可以用于非圆型面的加工，还可以应用于常见型面的加工。合理应用宏程序，不但可以简化程序，还可以使数控程序更具有通用性和灵活性。

第5章　车削圆弧型面宏程序应用

本章内容提要

本章介绍宏程序在车削圆弧型面中的应用，依次为圆弧宏程序编程概述、车削 1/4 倒圆弧角、车削 1/2 凸圆弧、车削大于 1/4 凸圆弧、车削凹圆弧和车削内孔圆弧，它们刀路轨迹的共同特点是：X 向和 Z 向进给运动按照圆方程规律。

5.1　圆弧宏程序编程概述

5.1.1　圆弧基本数学知识

1. 圆弧概述

圆是由平面上到定点的距离等于定长的所有点组成的图形，定点称为圆心，定长称为半径，工程中很多零件的轮廓由整圆或者圆弧构成的。

2. 圆的解析方程及参数方程

1）在圆的解析方程 $(x-a)^2+(y-b)^2=r^2$ 中，有三个参数 a、b、r，即圆心坐标为（a，b），一旦知道了 a、b、r 这三个参数的大小，圆图形的大小和位置就被确定了，因此确定圆方程必须有三个独立条件，其中圆心坐标是圆的定位条件，半径是圆的定形条件。

2）圆的参数方程。一般的，在平面直角坐标系中，如果曲线上任意一点的坐标（x，y）都是某个变量"t"的函数 $x=f(t)$，$y=g(t)$，并且对于"t"的每一个允许值，由上述方程组所确定的点 M（x，y）都在这条曲线上，那么上述方程则为这条曲线的参数方程，"t"为变参数，简称参数。

圆的参数方程：$x=a+r\cos\theta$，$y=b+r\sin\theta$（$\theta\in[0，2\pi]$），其中（a，b）为圆心坐标，r 为圆半径，θ 为参数，（x，y）为圆弧上点的坐标。

5.1.2　圆弧基本编程知识

1. 圆弧在车削加工中采用 G 代码编程

圆弧是常见车削型面之一，在实际加工中应用较为广泛。数控系统提供了车削圆弧指令（G02、G03），可以实现车削任意大小凸、凹圆弧，例如编写如图 5-1 所示圆弧程序代码：

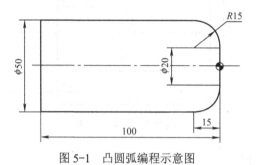

图 5-1　凸圆弧编程示意图

程序代码如下：

```
05001；
……
G0 X20 Z1；
G01 Z0 F0.2；
G03 X50 Z–15 R15；
……
```

2. 圆弧在车削加工中采用宏程序（直线插补）编程思路

步骤 1：根据圆解析（参数）方程，由 X（X 作为自变量）计算对应 Z（Z 作为因变量）或由 Z（Z 作为自变量）计算对应 X（X 作为因变量），选取自变量的初始值和变化大小值。

步骤 2：X 轴进给至外圆直径尺寸值，采用 G01 方式车削 Z 轴长度尺寸的外圆。

步骤 3：X 轴退刀至安全平面后，Z 轴退刀至 Z 轴加工起点（也可以采用两轴联动退刀）。

步骤 4：加工余量依次减小，跳转执行步骤 1，如此循环直到加工余量等于 0 时，跳出车削循环，至此圆弧粗加工结束，此时圆弧是由无数个直径不同、轴向长度不同的外圆（台阶）组成图形的集合（圆弧轮廓精度与步距成正比）。

5.2 实例 5-1 车削 1/4 倒圆弧角宏程序应用

5.2.1 零件图及加工内容

加工零件如图 5-2 所示，毛坯为 ϕ30mm×60mm 的圆钢棒料，需要加工成 R5mm 的圆角（倒圆），材料为 45 钢，试编制数控车加工宏程序代码（外圆已经加工）。

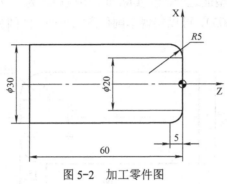

图 5-2 加工零件图

5.2.2 分析零件图

该实例要求车削 R5mm 的圆角（倒圆），X 轴余量为 10mm，Z 轴余量为 5mm，加工和编程之前需要考虑以下几方面：

1）机床：FANUC 系统数控车床。

2）装夹：自定心卡盘。

3）刀具：90° 外圆车刀。

4）量具：R5mm 圆弧样板。

5）编程原点：编程原点及其编程坐标系如图 5-2 所示。

6）设置切削用量见表 5-1。

表 5-1 车削 R5mm 圆角工序卡

工序	主要内容	设备	刀具	切削用量		
				转速 /（r/min）	进给量 /（mm/r）	背吃刀量 /mm
1	车削 R5mm 圆角	数控车床	90° 外圆车刀	2500	0.2	2

5.2.3 分析加工工艺

该零件是车削 R5mm 圆角的应用实例，其基本思路：X、Z 轴快速移至 X28、

Z1→Z 轴进给至 Z0→车削 *R*1mm 圆角→X 轴沿正方向快速移动 1mm→Z 轴快速移至 Z1→X 轴快速移至 X26→Z 轴进给至 Z0→车削 *R*2mm 圆角……如此循环完成车削 *R*5mm 圆角。

5.2.4　选择变量方法

根据选择变量基本原则及本实例具体加工要求，选择变量有以下几种方式：

1）在车削圆弧过程中，圆角由 *R*0 逐渐增大至 *R*5mm。圆弧起点：X 轴由 X30 逐渐减小至 X20、Z 轴起点不变；圆弧终点：X 轴终点不变、Z 轴由 Z-1 逐渐减小至 Z-5。符合变量设置原则：优先选择加工中"变化量"作为变量，因此选择"X 轴尺寸"作为变量。

设置变量#100 控制毛坯"径向"尺寸，赋初始值 30；设置变量#101 控制 Z 轴加工尺寸，赋初始值 0。

2）在车削圆弧过程中，圆角由 *R*0 逐渐增大至 *R*5mm，X 轴加工余量由 10mm 逐渐减小至 0，Z 轴加工尺寸由 0 逐渐减小至–5mm。符合变量设置原则：优先选择加工中"变化量"作为变量，因此选择加工余量作为变量。

设置变量#100 控制 X 轴加工余量，赋初始值 10；设置变量#101 控制 Z 轴加工尺寸，赋初始值 0。

5.2.5　选择程序算法

车削 *R*5mm 圆角采用宏程序编程时，需要考虑以下问题：一是怎样实现循环车削 *R* 角；二是怎样控制循环的结束（实现 Z 轴变化）。下面进行分析：

（1）实现循环车削 *R* 角　设置变量#100 控制毛坯"径向"尺寸，赋初始值 30；通过语句#100=#100–2 控制 X 轴起始位置；X、Z 轴呈圆弧运动规律进给至圆弧终点位置，X 轴沿正方向快速移动 1mm，Z 轴快速移至 Z1，形成车削 *R* 角循环。

（2）控制循环的结束　车削一次圆弧循环后，通过条件判断语句，判断加工是否结束。若加工结束，则退出循环；若加工未结束，则 X 轴再次快速移至 X[#100]，再次准备车削 *R* 角，如此循环形成整个车削 *R*5mm 圆角循环。

5.2.6　绘制刀路轨迹

根据加工工艺分析及选择程序算法分析，绘制单层循环刀路轨迹如图 5-3 所示，绘制多层循环刀路轨迹如图 5-4 所示。

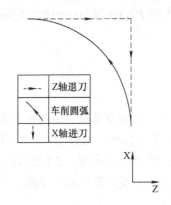

图 5-3　车削一层 R 角刀路轨迹图

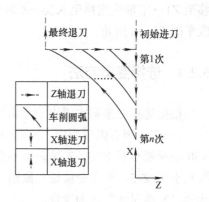

图 5-4　循环车削 R 角刀路轨迹图

5.2.7　绘制流程图

根据以上分析，采用 R 功能编制宏程序代码流程图如图 5-5 所示，采用 G03 指令功能编制宏程序代码流程图如图 5-6 所示。

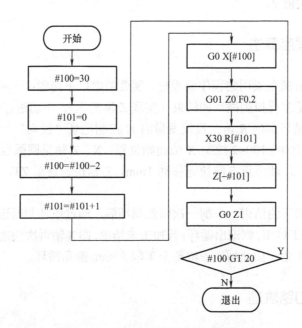

图 5-5　R 功能编制宏程序代码流程图

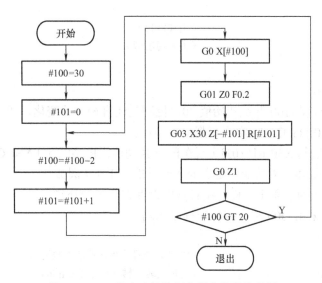

图 5-6　G03 指令功能编制宏程序代码流程图

5.2.8　编制程序代码

程序 1：采用 R 功能编制宏程序代码

O5002；	
T0101；	（调用 1 号刀具及其补偿参数）
M03 S2500；	（主轴正转，转速为 2500r/min）
G0 X31 Z10；	（X、Z 轴快速移至 X31 Z10）
Z1；	（Z 轴快速移至 Z1）
M08；	（打开切削液）
#100 = 30；	（设置变量#100，控制 X 轴尺寸）
#101 = 0；	（设置变量#101，控制 Z 轴尺寸）
N10 #100 = #100−2；	（变量#100 依次减小 2mm）
#101 = #101 + 1；	（变量#101 依次增加 1mm）
G0 X[#100]；	（X 轴快速移至 X[#100]）
G01 Z0 F0.2；	（Z 轴进给至 Z0）
X30 R[#101]；	（车削 R 角）
Z[−#101]；	（Z 轴进给至 Z[−#101]）
G0 Z1；	（Z 轴快速移至 Z1）
IF [#100 GT 20] GOTO10；	（条件判断语句，若变量#100 的值大于 20，则跳转到标号为 10 的程序段处执行，否则执行下一程序段）
G0 X100 Z100；	（X、Z 轴快速移至 X100 Z100）
G28 U0 W0；	（X、Z 轴返回参考点）

M05；	（主轴停止）
M09；	（关闭切削液）
M30；	

编程总结：

1）设置变量#100并赋初始值30，控制毛坯直径尺寸变化，通过条件判断句 IF [#100 GT 20] GOTO10 实现车削斜角循环。

2）通过语句 X30 R[#101]实现车削 R 角功能。R 功能在 FANUC 系统中用于车削 1/4 过渡圆角，R 功能不足之处在于只能加工 1/4 圆弧。

3）本实例为了简化编程，没有考虑设置刀具半径补偿。

程序2：采用 G03 指令编制宏程序代码

O5003；	
T0101；	（调用 1 号刀具及其补偿参数）
M03 S2500；	（主轴正转，转速为2500r/min）
G0 X31 Z10；	（X、Z 轴快速移至 X31 Z10）
Z1；	（Z 轴快速移至 Z1）
M08；	（打开切削液）
#100 = 30；	（设置变量#100，控制 X 轴尺寸）
#101 = 0；	（设置变量#101，控制 Z 轴尺寸）
N10 #100 = #100−2；	（变量#100 依次减小 2mm）
#101 = #101+1；	（变量#101 依次增加 1mm）
G0 X[#100]；	（X 轴快速移至 X[#100]）
G01 Z0 F0.2；	（Z 轴进给至 Z0）
G03 X30 Z[−#101] R[#101]；	（车削 R 角）
G0 U1；	（X 轴沿正方向快速移动 1mm）
G0 Z1；	（Z 轴快速移至 Z1）
IF [#100 GT 20] GOTO 10；	（条件判断语句，若变量#100 的值大于 20，则跳转到标号为 10 的程序段处执行，否则执行下一程序段）
G0 X100 Z100；	（X、Z 轴快速移至 X100 Z100）
G28 U0 W0；	（X、Z 轴返回参考点）
M05；	（主轴停止）
M09；	（关闭切削液）
M30；	

编程总结：

1）通过语句 G03 X30 Z[−#101] R[#101]实现车削 R 角功能，在 FANUC 系统中 G03 指令的功能是逆时针车削任意圆弧。

2）通过语句#100=#100−2 和#101=#101+1 实现了圆弧起点 X 轴和圆弧终点 Z

轴的同步变化。

3）本实例为了简化编程，没有考虑设置刀具半径补偿。

5.3　实例 5-2 车削 1/4 凸圆弧宏程序应用

5.3.1　零件图及加工内容

加工零件如图 5-7 所示，毛坯为 $\phi20mm\times50mm$ 的圆钢棒料，需要加工成 R10mm 的圆弧（刀路轨迹为 1/4 个整圆），材料为 45 钢，试编制数控车加工宏程序代码（外圆已经加工）。

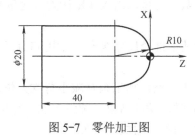

图 5-7　零件加工图

5.3.2　分析零件图

该实例要求加工 R10mm 的凸圆弧，加工和编程之前需要考虑合理选择机床类型、数控系统、装夹方式、切削用量和切削方式（具体参阅 5.2.2 节内容）等，其中：

1）量具：R10mm 圆弧样板。

2）编程原点：编程原点及其编程坐标系如图 5-7 所示。

3）车削圆弧方式：等距偏置；X（轴）向的背吃刀量为 2mm（直径）。

4）设置切削用量见表 5-2。

表 5-2　车削凸圆弧工序卡

工序	主要内容	设备	刀具	切削用量		
				转速 / (r/min)	进给量 / (mm/r)	背吃刀量 /mm
1	粗车圆弧	数控车床	90°外圆车刀	2500	0.2	2
2	精车圆弧	数控车床	90°外圆车刀	3500	0.15	0.3

5.3.3 分析加工工艺

该零件是车削 *R*10mm 凸圆弧应用实例，车削圆弧加工思路较多，在此给出三种常见加工思路：

1. "平行线"法车削圆弧

X、Z 轴由 X21、Z10 快速移至 X18、Z0→车削 *R*1mm 圆弧→X 轴沿正方向快速移动 1mm→Z 轴快速移至 Z0→X 轴进给至 X16→车削 *R*2mm 圆弧……如此循环完成车削 *R*10mm 圆弧。

2. FANUC 系统 "G71" 法

1）根据圆解析（参数）方程，由 X（X 作为自变量）计算对应的 Z（Z 作为因变量）。

2）X 轴进给至外圆某个直径尺寸 X 值，采用 G01 方式车削 Z 轴对应 Z 值的外圆。

3）刀具快速移至加工起点，加工余量减小背吃刀量，跳转至步骤 1），如此循环直到加工余量等于 0 时，循环结束。圆弧粗加工完毕，圆弧型面是由无数个直径不同、轴向长度不同的外圆组成的图形集合。

4）半精加工、精加工圆弧型面。

3. 西门子 802C 系统 "LCYC95" 法

1）根据圆解析（参数）方程，由 X（X 作为自变量）计算对应的 Z（Z 作为因变量），并计算下一次车削锥面终点（X_1、Z_1）。

2）X 轴进给至外圆直径尺寸 X 值，采用 G01 方式车削 Z 轴长度值为对应 Z 值的外圆。

3）车削 X、Z 轴起点坐标为（X、Z）终点坐标为（X_1、Z_1）的锥度型面。

4）刀具退刀至切削加工起点，加工余量减小背吃刀量，跳转至步骤 1），如此循环直到加工余量等于 0 时，循环结束，零件粗加工完毕。

5.3.4 选择变量方法

根据选择变量基本原则及本实例具体加工要求，选择变量有以下几种方式：

1）在车削圆弧过程中，圆弧起点：X 轴由 X18 逐渐减小至 X0，Z 轴起点不变；圆弧终点：X 轴终点不变、Z 轴终点由 Z-1 逐渐减小至 Z-10。符合变量设置原则：优先选择加工中"变化量"作为变量，因此选择"X 轴尺寸"作为变量。

设置变量#100 控制 X 轴毛坯尺寸，赋初始值 20；设置变量#101 控制 Z 轴尺寸，赋初始值 0。

2）在车削圆弧过程中：X 轴加工余量由 10mm 逐渐减小至 0，Z 轴加工尺寸由 0 逐渐增大至 10mm。符合变量设置原则：优先选择加工中"变化量"作为变量，因此选择"加工余量"作为变量。

设置变量#100，控制 X 轴加工余量尺寸，赋初始值 20；设置变量#101 控制 Z 轴尺寸，赋初始值 0。

5.3.5　选择程序算法

车削 R10mm 圆弧采用宏程序编程时，需要考虑以下问题：一是怎样实现循环车削 R 圆弧；二是怎样控制循环的结束（实现 Z 轴变化）。下面进行分析：

1. "平行线"法车削圆弧

（1）实现循环车削圆弧　设置变量#100 控制 X 轴毛坯尺寸，赋初始值 20；通过语句#100=#100–2 控制 X 轴起始位置。在车削圆弧后，X 沿正方向快速移动 1mm，Z 轴快速移至加工起点，形成车削圆弧循环。

（2）控制循环的结束　车削一次圆弧循环后，通过条件判断语句，判断加工是否结束。若加工结束，则退出循环；若加工未结束，则 X 轴再次快速移至 X[#100]，进行下一次车削，如此循环，形成整个车削 R10mm 圆弧循环。

2. FANUC 系统"G71"法

（1）实现循环车削圆弧　设置变量#100，控制 X 轴加工余量尺寸，赋初始值 20；通过语句#100=#100-2 控制 X 轴起始位置。

根据圆解析（参数）方程，计算 X 的值（变量#100），对应 Z 的值（变量#101）。

X 轴快速移至 X[#100]→G01Z–[#101]→X 沿正方向快速移动 1mm→Z 轴快速移至对应的 Z 值……形成车削一次圆弧循环。

（2）控制循环的结束　请读者参考"平行线"方法车削圆弧所述内容，在此不再赘述。

3. 西门子 802C 系统"LCYC95"指令方法

（1）实现循环车削圆弧循环　设置变量#100，控制 X 轴加工余量尺寸，赋初始值 20；通过语句#100=#100–2 控制 X 轴起始位置。

根据圆解析（参数）方程，计算 X 的值（变量#100），对应 Z 的值（变量#101）。

X 轴快速移至 X[#100]→G01Z–[#101]→车削圆弧→X 轴沿正方向快速移动 1mm→Z 轴快速移至 Z1……形成车削一次圆弧循环。

注意：FANUC 系统"G71"指令方法和西门子 802C 系统"LCYC95"指令方法的细小区别。

（2）控制循环的结束　请读者参考"平行线"方法车削圆弧所述内容，在此不再赘述。

5.3.6 绘制刀路轨迹

1）根据加工工艺分析及选择程序算法分析，"平行线"方法车削圆弧刀路轨迹和车削 R 角刀路轨迹相似，请读者参考图 5-4 所示，在此不再赘述。

2）FANUC 系统"G71"指令方法车削圆弧，刀路轨迹如图 5-8 所示，西门子 802C 系统"LCYC95"指令方法车削圆弧，刀路轨迹如图 5-9 所示。

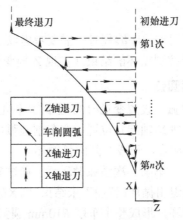

图 5-8 "G71"指令方法车削圆弧刀路轨迹图

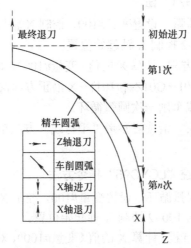

图 5-9 "LCYC95"指令方法车削圆弧刀路轨迹图

5.3.7 绘制流程图

根据以上分析，采用"平行线"方法车削圆弧流程图如图 5-10 所示，FANUC"G71"方法车削圆弧流程图如图 5-11 所示，西门子"LCYC95"方法车削圆弧流程图如图 5-12 所示。

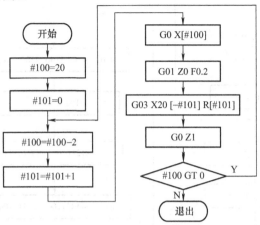

图 5-10　"平行线"方法车削圆弧流程图

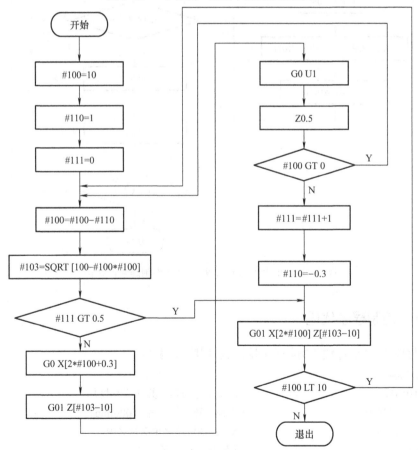

图 5-11　FANUC"G71"方法车削圆弧流程图

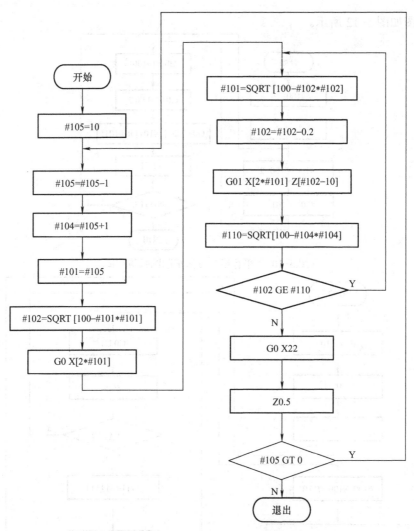

图 5-12 西门子 "LCYC95" 方法车削圆弧流程图

5.3.8 编制程序代码

程序 1："平行线"方法车削圆弧宏程序代码

O5004；	
T0101；	（调用 1 号刀具及其补偿参数）
M03 S2500；	（主轴正转，转速为 2500r/min）
G0 X21 Z10；	（X、Z 轴快速移至 X21 Z10）
Z1；	（Z 轴快速移至 Z1）

M08；	（打开切削液）
#100 = 20；	（设置变量#100，控制 X 轴尺寸）
#101 = 0；	（设置变量#101，控制 Z 轴尺寸）
N10 #100 = #100−2；	（变量#100 依次减小 2mm）
G0 X[#100]；	（X 轴快速移至 X[#100]）
#101 = #101+1；	（变量#101 依次增加 1）
G01 Z0 F0.2；	（Z 轴进给至 Z0）
G03 X20 Z[−#101] R[#101]；	（车削圆弧）
G0 Z1；	（Z 轴快速移至 Z1）
IF [#100 GT 0] GOTO10；	（条件判断语句，若变量#100 的值大于 0，跳转到标号为 10 的程序段处执行，否则执行下一程序段）
G0 X100 Z100；	（X、Z 轴快速移至 X100 Z100）
G28 U0 W0；	（X、Z 轴返回参考点）
M05；	（主轴停止）
M09；	（关闭切削液）
M30；	

编程总结：

1）通过语句 G03 X20 Z[-#101] R[#101]实现车削 R 角功能，FANUC 系统 G03 的功能是逆时针车削任意圆弧。

2）通过语句#100=#100-2 和#101=#101+1 实现了圆弧起点 X 轴、圆弧终点 Z 轴的同步变化。

3）本实例为了简化编程，没有考虑设置刀具半径补偿。

程序 2：用公式法（解析法）车削圆弧宏程序代码

O5005；	
T0101；	（调用 1 号刀具及其补偿参数）
M03 S2500；	（主轴正转，转速为 2500r/min）
G0 X21 Z10；	（X、Z 轴快速移至 X21 Z10）
Z1；	（Z 轴快速移至 Z1）
M08；	（打开切削液）
#100 = 10；	（设置变量#100，控制 X 轴尺寸（圆弧半径））
#101 = 10；	（设置变量#100，控制圆弧 Z 轴距离）
N10 #102 = SQRT [#100*#100−#101*#101]；	
	（根据圆的参数方程，计算 X 的值）
G01 X[2*#102] Z[#101-10] F0.15；	（切削圆弧轮廓）
#101 = #101−0.1；	（变量#101 依次减小 0.1）
IF [#101 GE 0] GOTO10；	（条件判断语句，若变量#101 的值大于或等于 0，跳转到标号为 10 的程序段处执行，否则执

	行下一程序段）
G0 X100 Z100;	（X、Z轴快速移至 X100 Z100）
G28 U0 W0;	（X、Z轴返回参考点）
M05;	（主轴停止）
M09;	（关闭切削液）
M30;	

编程总结：

1）根据圆弧解析方程 $X*X+Z*Z=R*R$，我们习惯把其中的 X 作为自变量，Z 作为因变量，把圆弧上所有的点用函数关系表示出来，再利用 G01 直线插补来车削圆弧轮廓。

2）应用公式进行宏程序编程的特点是很容易找出变量之间变化的规律，具有椭圆、双曲线、抛物线等线型的模型都可以用此方法。

3）O5005 是精车轮廓程序，该程序不能应用于粗加工，否则会产生扎刀。

程序 3：基于三角函数原理采用角度变量编程（也称参数编程）

O5006;	
T0101;	（调用 1 号刀具及其补偿参数）
M03 S2500;	（主轴正转，转速为 2500r/min）
G0 X21 Z10;	（X、Z轴快速移至 X21 Z10）
Z1;	（Z轴快速移至 Z1）
M08;	（打开切削液）
#100 = 20;	（设置变量#100，控制 X 轴尺寸）
#101 = 0;	（设置变量#101，控制车削圆弧半径）
N10 #100 = #100 -2;	（变量#100 依次减小 2mm）
G0 X[#100];	（X 轴快速移至 X[#100]）
#101 = #101+1;	（变量#101 依次增加 1mm）
G01 Z0 F0.2;	（Z轴进给至 Z0）
#110 = 0;	（设置变量#110，控制角度）
N20 #112 = #101*COS[#110];	（根据圆的参数方程，计算变量#112 的值）
#113 = #101*SIN[#110];	（根据圆的参数方程，计算变量#113 的值）
#114 = 2*#113 + #100;	（计算变量#114 的值）
#115 = #112–#101;	（计算变量#115 的值）
G01 X[#114] Z[#115];	（车削圆弧）
#110 = #110 + 1;	（变量#110 依次增加 1mm）
IF [#110 LE 90] GOTO20;	（条件判断语句，若变量#110 的值小于或等于 90，跳转到标号为 20 的程序段处执行，否则执行下一程序段）
G0 Z1;	（Z轴快速移至 Z1）
IF [#100 GT0] GOTO10;	（条件判断语句，若变量#100 的值大于 0，跳转到标号为 10 的程序段处执行，否则执行下一程序段）

G0 X100 Z100；	（X、Z 轴快速移至 X100 Z100）
G28 U0 W0；	（X、Z 轴返回参考点）
M05；	（主轴停止）
M09；	（关闭切削液）
M30；	

编程总结：

1）该方法的编程原点和圆弧中心点不在同一个点，因此预先要采用平移法让编程原点和圆弧的中心点重合（也可以在对刀时采用刀具偏置，偏置值为圆弧的半径值）见程序语句#115=#112−#101。

2）通过变量#110 控制角度变化，圆弧加工的精度取决于角度增量的大小，角度增量越小，加工精度越高。

3）O5006 的编程思路也适用于椭圆的编程。说明一点：本实例为了简化程序，没有考虑刀具半径补偿。

程序 4：包含精车的程序

O5007；	
T0101；	（调用 1 号刀具及其补偿参数）
M03 S2500；	（主轴正转，转速为 2500r/min）
G0 X21 Z10；	（X、Z 轴快速移至 X21 Z10）
Z1；	（Z 轴快速移至 Z1）
M08；	（打开切削液）
#100 = 20；	（设置变量#100，控制毛坯余量）
#102 = 0；	（设置变量#102，控制 Z 轴终点距离）
#103 = 10；	（设置变量#103，控制加工次数）
N10 #103 = #103−1；	（设置变量#103 依次减去 1mm）
#102 = #102 +1；	（设置变量#102 依次增加 1mm）
#104 = 0.3；	（设置变量#104，控制精车余量）
#120 = 0.2；	（设置变量#120，控制进给量）
G0 Z0.5；	（Z 轴快速移至 Z0.5）
N20 G0 X[[#100/10]*#103+#104]；	（X 轴快速移至 X[[#100/10]*#103+#104]）
G01 Z0 F[#120]；	（Z 轴进给至 Z0）
G03 X[20+#104] Z[#103−10] R[#102]；	（车削圆弧）
IF[#103 GT 0] GOTO10；	（条件判断语句，若变量#103 的值大于 0，则跳转到标号为 10 的程序段处执行，否则执行下一程序段）
#104 = #104−0.3；	（设置变量#104 依次减去 0.3mm）
IF [#104 LT−0.5] GOTO40；	（条件判断语句，若变量#104 的值小于−0.5，则跳转到标号为 40 的程序段处执行，否则执行下一程序段）

#120 = 0.15;	（设置变量#120，重新赋值）
S3500;	
G0 Z0.5;	（Z 轴快速移至 Z0.5）
GOTO20;	（无条件跳转语句）
N40 G0 X100;	（X 轴快速移至 X100
Z100;	（Z 轴快速移至 Z100）
G28 U0 W0;	（X、Z 轴返回参考点）
M05;	（主轴停止）
M09;	（关闭切削液）
M30;	

编程总结：

1）O5007 设置变量#103=10 来控制加工次数，采用语句 Z[#103-10]，随着变量#103 的减少，车削距离变长，避免了空切，极大提高了加工效率。

2）从凸圆弧的编程实例来看：宏程序编制的关键在于思路，同一零件会有多种的编程方法，非常灵活，尤其是角度编程法和公式法有很好的借鉴作用。

程序 5：FANUC 系统 "G71" 指令方法车削圆弧宏程序代码

O5008;	
T0101;	（调用 1 号刀具及其补偿参数）
M03 S2500;	（主轴正转，转速为 2500r/min）
G0 X21 Z10;	（X、Z 轴快速移至 X21 Z10）
Z1;	（Z 轴快速移至 Z1）
M08;	（打开切削液）
#100 = 10;	（设置变量#100，控制圆弧的半径）
#110 = 1;	（设置变量#110，控制背吃刀量）
#111 = 0;	（设置变量#111，标志变量）
N10 #100 = #100−#110;	（变量#100 依次减去#110）
#103 = SQRT [100- #100*#100];	（根据圆的解析方程计算变量#103 的值，控制程序中 Z 变化）
IF [#111 GT 0.5] GOTO20;	（条件判断语句，若变量#111 的值大于 0.5，则跳转到标号为 20 的程序段处执行，否则执行下一程序段）
G0 X[2*#100+0.3];	（X 轴快速移至 X[2*#100+0.3]）
G01 Z[#103−10] F0.2;	（车削外圆）
G01 U1;	（X 轴沿正方向进给 1mm）
Z0.5;	（Z 轴快速移至 Z0.5）
IF [#100 GT 0] GOTO 10;	（条件判断语句，若变量#100 的值大于 0，则跳转到标号为 10 的程序段处执行，否则执行下一程序段）

#110 =-0.2;	（变量#110 重新赋值）
#111 = #111 + 1;	（变量#111 依次增加 1mm）
N20 G01 X[2*#100] Z[#103-10] F0.15;	
	（车削圆弧）
IF [#100 LT 10] GOTO 10;	（条件判断语句，若变量#100 的值小于 10，则跳转到标号为 10 的程序段处执行，否则执行下一程序段）
G0 X100;	（X 轴快速移至 X100）
Z100;	（Z 轴快速移至 Z100）
G28 U0 W0;	（X、Z 轴返回参考点）
M05;	（主轴停止）
M09;	（关闭切削液）
M30;	

编程总结：

1）程序 O5008 的编程思路：根据圆的解析方程，采用表达式表示圆半径和长度的关系。设置变量#100 控制零件形状的 X 轴尺寸变化，设置变量#103 控制零件形状的 Z 轴尺寸变化。

2）在粗加工中由车削零件轮廓的语句 G0 X[2*#100+0.3]、G01 Z[#103-10] F0.2、#100 = #100- #110 以及条件判断语句 IF [#100 GT 0] GOTO10 控制整个粗车循环。

3）通过重新赋值语句#110=-0.2 实现了粗加工 X 轴的变化由大变小、精加工 X 轴的变化由小变大的转换。

4）变量#110 未标志变量，标志变量不参与程序运行在必要时只改变程序执行流向，避免了程序无限循环。

程序 6：西门子 802C 系统"LCYC95"指令方法车削圆弧宏程序代码

O5009;	
T0101;	（调用 1 号刀具及其补偿参数）
M03 S2500;	（主轴正转，转速为 2500r/min）
G0 X21 Z10;	（X、Z 轴快速移至 X21 Z10）
Z1;	（Z 轴快速移至 Z1）
M08;	（打开切削液）
#105 = 10;	（设置变量#105，控制毛坯余量）
N10 #105 = #105-1;	（#105 号变量依次减去 1mm）
#104 = #105+1;	（计算变量#104 的值，作为每次判断的依据）
#101 = #105;	（使变量#101 等于#105，便于方程的运算）
#102 = SQRT[100-#101*#101];	（根据圆方程的 X 值计算对应的 Z 值）
G0 X[2*#101];	（X 轴快速移至 X[2*#101]）
N20　#101 = SQRT [100-#102*#102];	（根据圆方程的 Z 值计算 X 值）
#102 = #102-0.2;	（设置变量#102 依次减去 0.2mm）
G01 X[2*#101]　Z[#102-10] F0.2;	（车削圆弧）

#110 = SQRT[100−#104*#104];	（计算变量#110 的值）
IF[#102 GE #110] GOTO20;	（条件判断语句，若变量#102 的值大于或等于#110，则跳转到标号为 20 的程序段处执行，否则执行下一程序段）
G0 X22;	（X 轴快速移至 X22）
Z0.5;	（Z 轴快速移至 Z0.5）
IF[#105 GT 0] GOTO10;	（条件判断语句，若变量#105 的值大于 0，则跳转到标号为 10 的程序段处执行，否则执行下一程序段）
G0 X100;	（X 轴快速移至 X100）
Z100;	（Z 轴快速移至 Z100）
G28 U0 W0;	（X、Z 轴返回参考点）
M05;	（主轴停止）
M09;	（关闭切削液）
M30;	

编程总结：

1）O5009 编程借鉴了西门子系统"LCYC95"指令毛坯切削循环模块的思路，通过设置一个变量进行判别：如果 X 方向的进刀点大于圆弧上的点，则走直线，目的是去除余量；如果等于圆弧上的点，则走圆弧轮廓。对椭圆、锥面等的加工具有一定的借鉴作用。

2）语句#101=#105 方便了方程内部的数值计算。

5.4　实例 5-3 车削大于 1/4 凸圆弧宏程序应用

5.4.1　零件图及加工内容

加工零件如图 5-13 所示，毛坯如图 5-14 所示，需要加工 $R25\text{mm}$ 的圆弧（刀路轨迹大于 1/4 个整圆），材料为 45 钢，试编制数控车加工宏程序代码（外圆已经加工）。

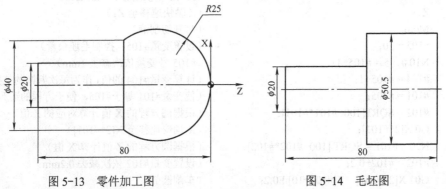

图 5-13　零件加工图　　　　　　图 5-14　毛坯图

5.4.2　分析零件图

该实例车削大于 1/4 的 $R25mm$ 圆弧，加工和编程之前需要考虑合理选择机床类型、数控系统、装夹方式、切削用量和切削方式（具体参阅 5.2.2 节内容）等，其中：

1）刀具：90°外圆车刀（1 号刀）、反 90°外圆车刀（2 号刀）、60°外圆车刀（3 号刀，刀具主后角要保证其两侧后刀面与加工面不发生干涉）。

2）量具：$R25mm$ 圆弧样板。

3）编程原点：编程原点及其编程坐标系如图 5-13 所示。

4）设置切削用量见表 5-3。

表 5-3　车削大于 1/4 凸圆弧工序卡

	主要内容	设备	刀具	切削用量		
				转速 /（r/min）	进给量 /（mm/r）	背吃刀量 /mm
1	粗车右半圆弧	数控车床	90°外圆车刀	2000	0.2	2
2	粗车左半圆弧	数控车床	反 90°外圆车刀	2000	0.2	2
3	精车圆弧	数控车床	60°外圆车刀	3000	0.15	0.3

5.4.3　分析加工工艺

该零件是车削大于 1/4 的 $R25mm$ 圆弧应用实例，大于 1/4 的圆弧车削加工比小于或等于 1/4 的复杂些，在此给出两种常见加工思路：

1）先粗车削右面半个圆弧轮廓，再车削左面半个圆弧轮廓，留 0.3mm 的精车余量，然后车削整个圆弧加工轮廓。该加工思路清晰、编程难度较小，在实际加工中应用较广泛。

分析加工工艺、选择变量方法、选择程序算法等请读者参见实例 5-2，在此为了节省篇幅不再赘述。

2）FANUC 系统"G71"法：①根据圆解析（参数）方程，由 X 计算右半圆弧（圆心右面圆弧段）对应的 Z_1；②X 轴进给至外圆直径尺寸为 X_1，采用 G01 方式车削 Z 轴长度值为 Z_1 的外圆；③判断左半圆弧是否粗车完毕，若粗车完毕则执行步骤⑥，若未粗车完毕则执行步骤④；④根据圆解析（参数）方程，由 X 计算左半圆弧（圆心左面圆弧段）对应的 Z_2；⑤X 轴快速移至 X51，Z 轴进给至 Z2，X 轴进给至 X1，车削外圆；⑥刀具快速移至加工起点，毛坯余量减小背吃刀量，跳转至步骤①，如此循环直到加工余量等于 0 时，循环结束。零件粗加工完毕，圆弧型面是由无数个直径不同、轴向长度不同的外圆组成的图像集合；⑦半精加工、精加工圆弧型面。

5.4.4 选择变量方法

在车削圆弧过程中，X 轴尺寸由 X50 逐渐减小至 X0，符合变量设置原则：优先选择加工中"变化量"作为变量，因此选择"X 轴尺寸"作为变量。

设置变量#100 控制毛坯"径向"尺寸，赋初始值 25（半径值）。

车削大于 1/4 圆弧逻辑比较复杂，需要设置#111、#118、#120 号变量作为标志变量。

5.4.5 选择程序算法

在车削大于 1/4 圆弧采用宏程序编程时，需要考虑以下问题：一是怎样实现循环车削圆弧；二是怎样控制循环的结束（实现 Z 轴变化）。下面进行分析：

（1）实现循环车削圆弧　设置变量#100 控制毛坯"径向"尺寸，赋初始值 25（半径值）。通过语句#100=#100-1 控制 X 轴起始位置。在车削圆弧后，X 轴沿正方向快速移动 1mm，Z 轴快速移至对应的 Z 值，形成车削圆弧循环。

（2）控制循环的结束　在车削一次圆弧循环后，通过条件判断语句，判断加工是否结束。若加工结束，则退出循环；若加工未结束，则 X 轴再次快速移至 X[#100]，进行下一次车削，如此形成整个车削大于 1/4 圆弧的循环。

5.4.6 绘制刀路轨迹

1）根据加工工艺分析及选择程序算法分析，先粗车削右面半个圆弧轮廓，再粗车削左面半个圆弧轮廓，然后精车整个圆弧轮廓，刀路轨迹如图 5-15 所示。

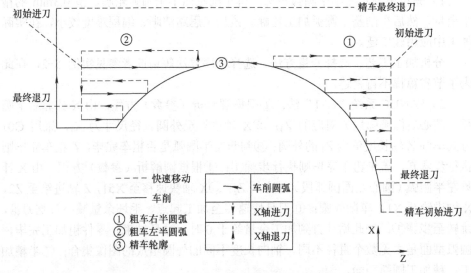

图 5-15　先右后左再精车整个轮廓刀路轨迹图

2）FANUC 系统"G71"方法车削圆弧，刀路轨迹如图 5-16 所示。

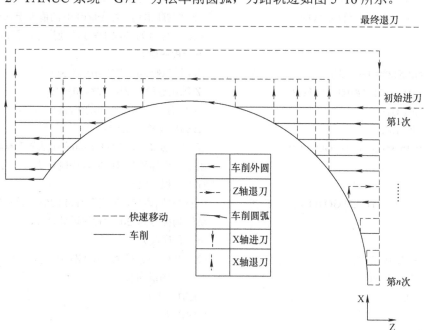

图 5-16 "G71"方法车削圆弧刀路轨迹图

5.4.7 编制程序代码

程序 1："先右后左再精车"宏程序代码

O5010；	
T0101；	（调用 1 号刀具及其补偿参数）
M03 S2000；	（主轴正转，转速为 2000r/min）
G0 X51 Z10；	（X、Z 轴快速移至 X51 Z10）
Z1；	（Z 轴快速移至 Z1）
M08；	（打开切削液）
#100 = 25；	（设置变量#100，控制 X 轴尺寸）
#110 = 0.5；	（设置变量#110，控制背吃刀量）
#111 = 0；	（设置变量#111，控制判断条件）
#112 = 1；	（设置变量#112，控制正负转换）
#113 = 0.5；	（设置变量#113，控制退刀值）
#114 = 0；	（设置变量#114，标志变量）
#130 = 0；	（设置变量#130，标志变量）
#140 = 0；	（设置变量#140，标志变量）
N10 #100 = #100−#110；	（变量#100 依次减去变量#110 的值）

#103 = SQRT [25*25−#100*#100];	（根据圆解析方程计算变量#103 的值）
IF [#130 GT 0.5] GOTO30;	（条件判断语句，若变量#130 的值大于 0.5，则跳转到标号为 30 的程序段处执行，否则执行下一程序段）
G0 X[2*#100+0.3];	（X 轴快速移至 X[2*#100+0.3]）
G01 Z[#112*#103−25] F0.2;	（Z 轴快进给至 Z[#112*#103−25]）
G01 U1;	（X 轴沿正方向快速移动 1mm）
Z[#113];	（Z 轴快速移至 Z[#113]）
IF [#100 GT #111] GOTO10;	（条件判断语句，若变量#100 的值大于变量#111，则跳转到标号为 10 的程序段处执行，否则执行下一程序段）
IF [#114 GT 0.5] GOTO20;	（条件判断语句，若变量#114 的值大于 0.5，则跳转到标号为 20 的程序段处执行，否则执行下一程序段）
G0 X100 Z100;	（X、Z 轴快速移至 X100 Z100）
G28 U0 W0;	（X、Z 轴返回参考点）
M05;	（主轴停止）
M09;	（关闭切削液）
M01;	
T0202;	（调用 2 号刀具及其补偿参数）
M03 S2000;	（主轴正转，转速 2000r/min）
G0 X51 Z10;	（X、Z 轴快速移至 X51 Z10）
Z−70;	（Z 轴快速移至 Z−70）
M08;	（打开切削液）
#100 = 25;	（设置变量#100，控制 X 轴尺寸）
#112 =−#112;	（变量#112 取负运算）
#113 =−70;	（变量#113 重新赋值，控制退刀值）
#111 = 20;	（变量#111 重新赋值，控制判断条件）
#114 = #114 + 1;	（变量#114 依次增加 1mm）
GOTO10;	（无条件跳转语句）
N20 G0 X100;	（X 轴快速移至 X100）
Z100;	（Z 轴快速移至 Z100）
G28 U0 W0;	（X、Z 轴返回参考点）
M05;	（主轴停止）
M09;	（关闭切削液）
M01;	
T0303;	（调用 3 号刀具及其补偿参数）
M03 S3000;	（主轴正转，转速为 3000r/min）
G0 X0 Z10;	（X、Z 轴快速移至 X0 Z10）

Z1；	（Z 轴快速移至 Z1）
G01 Z0 F0.15；	（Z 轴进给至 Z0）
#130 = #130 + 1；	（变量#130 依次增加 1mm）
#100 = 0；	（设置变量#100，控制 X 轴尺寸）
#110 =-0.2；	（变量#110 重新赋值，控制步距）
#112 = -#112；	（变量#112 取负运算）
GOTO10；	（无条件跳转语句）
N30 G01 X[2*#100] Z[#112*#103-25] F0.15；	（车削圆弧）
IF [#140 GT 0.5] GOTO70；	（条件判断语句，若变量#140 的值大于 0.5，则跳转到标号为 70 的程序段处执行，否则执行下一程序段）
IF [#100 LT 25] GOTO10；	（条件判断语句，若变量#100 的值小于 25，则跳转到标号为 10 的程序段处执行，否则执行下一程序段）
#140 = #140 + 1；	（变量#140 依次增加 1mm）
#110 = -#110；	（变量#110 取负运算）
#112 = -#112；	（变量#112 取负运算）
N70 IF [#100 GT 20] GOTO10；	（条件判断语句，若变量#100 的值大于 20，则跳转到标号为 10 的程序段处执行，否则执行下一程序段）
G01 Z-70；	（Z 轴进给至 Z-70）
X51；	（X 轴进给至 X51）
G0 X100 Z100；	（X、Z 轴快速移至 X100 Z100）
G28 U0 W0；	（X、Z 轴返回参考点）
M05；	（主轴停止）
M09；	（关闭切削液）
M30；	

编程总结：

1）程序 O5010 为先粗车右半圆弧，再粗车左半圆弧，最后精车整个圆弧轮廓的宏程序代码。

2）程序 O5010 逻辑关系相对复杂，涉及标志变量较多，采用了#114、#130、#140 等变量。标志变量，是控制程序流向执行的依据。下面形象地举例来说明这一点：

比如水库闸门的作用是当水位上涨到一定高度就开闸放水，否则水闸关闭，而开闸放水的条件就是水位达到一定的高度。

在宏程序编程中，有时为了使程序能按编程人员设计的意图执行和避免出现无限循环的现象，设定一个标志变量是很有必要的。一般在出现 GOTO 语句和粗、精加工采用同一段程序时，需要考虑采用标志变量实现程序的顺利跳转，以避免出现无限循环（死循环）现象。

3）通过变量#110=0.5 控制步距。右半圆弧（圆心右面圆弧段）精车轮廓，X 轴由 0 逐渐增大至 25，结合语句#100=#100-#110 判断，步距应为正值；左半圆弧（圆心左面圆弧段）精车轮廓 X 轴由 25 逐渐减小至 20，与右半圆弧相反，因此步距应为负值。

4）变量#112=1 作为正负转换变量，控制 Z 值在右半圆弧（圆心右面圆弧段）与左半圆弧（圆心左面圆弧段）之间转换。

程序2：FANUC 系统"G71"方法车削圆弧宏程序代码

O5011；	
T0303；	（调用 3 号刀具及其补偿参数）
M03 S2000；	（主轴正转，转速为 2000r/min）
G0 X51 Z10；	（X、Z 轴快速移至 X51 Z10）
Z1；	（Z 轴快速移至 Z1）
M08；	（打开切削液）
#100 = 25；	（设置变量#100，控制 X 轴尺寸）
#111 = 0；	（设置变量#111，标志变量）
#112 = 1；	（设置变量#112，控制背吃刀量）
#118 = 0；	（设置变量#118，标志变量）
#120 = 0；	（设置变量#120，标志变量）
N10 #100 = #100−#112；	（变量#100 依次减去变量#112 的值）
#103 = SQRT[25*25−#100*#100]；	（根据圆的解析方程，计算变量#103 的值）
IF [#118 GT 0.5] GOTO50；	（条件判断语句，若变量#118 的值大于 0.5，则跳转到标号为 50 的程序段处执行，否则执行下一程序段）
G0 X[2*#100+0.5]；	（X 轴快速移至 X[2*#100+0.5]）
G01 Z[#103−25] F0.2；	（Z 轴进给至 Z[#103−25]）
IF [#111 GT 0.5] GOTO20；	（条件判断语句，若变量#111 的值大于 0.5，则跳转到标号为 20 的程序段处执行，否则执行下一程序段）
G0 X51；	（X 轴快速移至 X51）
Z[−#103−25]；	（Z 轴快速移至 Z[−#103−25]）
G01 X[2*#100+0.5]；	（X 轴进给至 X[2*#100+0.5]）
G01 Z−70；	（Z 轴进给至 Z−70）
G0 X51；	（X 轴快速移至 X51）
N20 G0 U0.5；	（X 轴沿正方向快速移动 0.5mm）

Z0.5;	（Z 轴快速移至 Z0.5）
IF [#100 GE 20] GOTO10;	（条件判断语句，若变量#100 的值大于或等于 20，则跳转到标号为 10 的程序段处执行，否则执行下一程序段）
#111 = #111 + 1;	（变量#111 依次增加 1mm）
N30 IF [#100 GT 0] GOTO10;	（条件判断语句，若变量#100 的值大于 0，则跳转到标号为 10 的程序段处执行，否则执行下一程序段）
M03 S3000;	（主轴正转，转速为 3000r/min）
#118 = #118 + 1;	（#118 号变量依次增加 1mm）
#119 = 1;	（设置变量#119，控制正负切换）
#112 = −0.2;	（变量#112 重新赋值）
G0 X0;	（X 轴快速移至 X0）
Z0.5;	（Z 轴快速移至 Z0.5）
G01 Z0 F0.2;	（Z 轴进给至 Z0）
N50 G01 X[2*#100] Z[#119*#103−25] F0.15;	（车削圆弧）
IF [#120 GT 0.5] GOTO 60;	（条件判断语句，若变量#120 的值大于 0.5，则跳转到标号为 60 的程序段处执行，否则执行下一程序段）
IF [#100 LT 25] GOTO 10;	（条件判断语句，若变量#100 的值小于 25，则跳转到标号为 10 的程序段处执行，否则执行下一程序段）
#112 = −#112;	（变量#112 取负运算）
#119 = −#119;	（变量#119 取负运算）
#120 = #120 + 1;	（变量#120 依次增加 1mm）
N60 IF [#100 GE 20] GOTO 10;	（条件判断语句，若变量#100 的值大于或等于 20，则跳转到标号为 10 的程序段处执行，否则执行下一程序段）
G01 Z−70;	（Z 轴进给至 Z−70）
X51;	（X 轴进给至 X51）
G0 X100 Z100;	（X、Z 轴快速移至 X100 Z100）
G28 U0 W0;	（X、Z 轴返回参考点）
M05;	（主轴停止）
M09;	（关闭切削液）
M30;	

编程总结：

1）程序 O5011 仿制 FANUC 系统 "G71" 指令方法加工方式，编写宏程序代码。

2）思路：粗车采用车削外圆的方式去除毛坯大余量，留0.3～0.5mm加工余量。精加工车削零件轮廓。

3）变量：通过#112=1控制步距。右半圆弧（圆心右面圆弧段）精车轮廓，X轴由0逐渐增大至25，结合语句#100=#100-#112判断，步距应为正值；左半圆弧（圆心左面圆弧段）精车轮廓X轴由25逐渐减小至20，与右半圆弧相反，因此步距应为负值。

4）标志变量采用#111、#118、#120，请读者参考程序O5010编程总结3）；正负转换变量为#119，请读者参考程序O5010编程总结4），在此不再赘述。

5.5 实例5-4 车削凹圆弧宏程序应用

5.5.1 零件图及加工内容

加工零件如图5-17所示，需要加工1/2半径为R10mm的凹圆弧轮廓，材料为45钢，试编制数控车加工宏程序代码（外圆已经加工）。

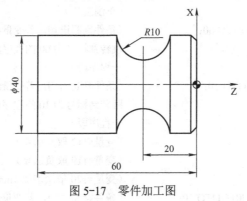

图5-17 零件加工图

5.5.2 分析零件图

该实例车削1/2半径为R10mm的凹圆弧，加工和编程之前需要考虑合理选择机床类型、数控系统、装夹方式、切削用量和切削方式（具体参阅5.2.2节内容）等，其中：

1）刀具：35°外圆车刀（1号刀，刀具主后角要保证其两侧后刀面与加工面不发生干涉）。

2）量具：R10mm圆弧样板。

3）编程原点：编程原点及其编程坐标系如图5-17所示。

4）设置切削用量见表5-4所示。

表 5-4　车削 1/2 凹圆弧工序卡

	主要内容	设备	刀具	切削用量		
				转速 / (r/min)	进给量 / (mm/r)	背吃刀量 /mm
1	粗车圆弧	数控车床	35° 外圆车刀	1500	0.2	2
2	精车圆弧	数控车床	35° 外圆车刀	2000	0.15	0.3

5.5.3　分析加工工艺

该零件是车削 1/2 半径为 $R10$mm 的凹圆弧应用实例，车削凹圆弧常见加工思路如下：

X、Z 轴从 X42、Z1 快速移至 X40、Z-18→车削 $R2$mm 圆弧→X 沿正方向快速移动 1mm→Z 轴快速移至 Z-16→X 轴进给至 X40→车削 $R4$mm 圆弧……如此循环完成车削 1/2 半径为 $R10$mm 的凹圆弧。

5.5.4　选择变量方法

选择变量基本原则及本实例具体加工要求，选择变量有以下几种方式：

在车削加工过程中，凹圆弧由 $R0$ 逐渐增大至 $R10$mm，圆弧起点：X 轴起点不变、Z 轴起点由 Z-19 逐渐增大至 Z-10；圆弧终点：X 轴终点不变、Z 轴由 Z-21 逐渐减小至 Z-30，符合变量设置原则：优先选择加工中"变化量"作为变量，因此选择"X 轴尺寸"作为变量。

设置变量#100 控制凹圆弧半径，赋初始值 0；变量#101 控制 Z 轴加工起点，赋初始值–19。

5.5.5　选择程序算法

车削 1/2 半径为 $R10$mm 的凹圆弧采用宏程序编程时，需要考虑以下问题：一是怎样实现循环车削凹圆弧；二是怎样控制循环的结束（实现 Z 轴变化）。下面进行分析：

（1）实现循环车削凹圆弧　设置变量#100 控制凹圆弧半径，赋初始值 0；语句#100=#100+1 控制凹圆弧半径变化。车削圆弧，在 X 轴沿正方向快速移动 1mm 后，Z 轴快速移至加工起点，形成车削凹圆弧循环。

（2）控制循环的结束　车削一次圆弧循环后，通过条件判断语句，判断加工是否结束。若加工结束，则退出循环；若加工未结束，则 Z 轴再次快速移至凹圆弧加工起始位置，进行下一次车削，如此循环，形成整个车削 1/2 半径为 $R10$mm

的凹圆弧。

5.5.6 绘制刀路轨迹

根据加工工艺分析及选择程序算法分析，"同心圆法"车削凹圆弧刀路轨迹
如图 5-18 所示。

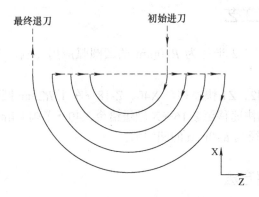

图 5-18 "同心圆法"车削凹圆弧刀路轨迹图

5.5.7 绘制流程图

根据加工工艺分析及选择程序算法分析，"同心圆法"车削凹圆弧流程图如
图 5-19 所示。

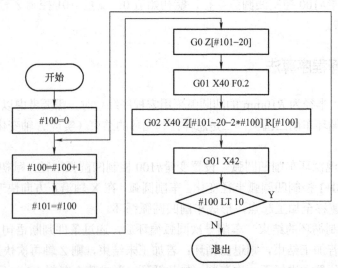

图 5-19 "同心圆法"车削凹圆弧流程图

5.5.8 编制程序代码

程序 1：采用 IF [……] GOTO……语句编制"同心圆"车削凹圆弧宏程序代码

O5012；	
T0101；	（调用 1 号刀具及其补偿参数）
M03 S1500；	（主轴正转，转速为 1500r/min）
G0 X42 Z10；	（X、Z 轴快速移至 X42 Z10）
Z1；	（Z 轴快速移至 Z1）
M08；	（打开切削液）
#100 = 0；	（设置变量#100 控制凹圆弧半径）
N10 #100 = #100 + 1；	（变量#100 依次增加 1mm）
#101 = #100；	（变量#101 控制圆弧加工起点）
G0 Z[#101−20]；	（Z 轴快速移至 Z[#101−20]）
G01 X40 F0.2；	（X 轴进给至 X40）
G02 X40 Z[#101−20−2*#100] R[#100]；	（车削凹圆弧）
G01 X42；	（X 轴进给至 X42）
IF [#100 LT 10] GOTO10；	（条件判断语句，若变量#100 的值小于 10，则跳转到标号为 10 的程序段处执行，否则执行下一程序段）
G0 X100；	（X 轴快速移至 X100）
Z100；	（Z 轴快速移至 Z100）
G28 U0 W0；	（X、Z 轴返回参考点）
M05；	（主轴停止）
M09；	（关闭切削液）
M30；	

编程总结：

1）"同心圆法"车削凹圆弧轮廓的基本思路：先车削半径较小圆弧，再车削半径较大圆弧，依次类推，直到车削圆弧半径等于零件轮廓中圆弧半径为止。

2）"同心圆法"车削凹圆弧轮廓基本步骤如下：

步骤①：设置#100=0 控制凹圆弧起始加工圆弧半径。

步骤②：X、Z 进刀至圆弧加工起点，车削圆弧 R#100 凹圆弧。

步骤③：通过条件判断语句：IF [#100 LT 10] GOTO10，判断凹圆弧是否车削完毕，如果车削完毕，则 X、Z 退刀，加工结束；如果凹圆弧没有车削完毕，则执行下一步骤。

步骤④：#100 = #100 +1，X、Z 轴快速移至下一次车削凹圆弧加工起点位置，再次车削凹圆弧。

步骤⑤：循环执行①～④操作步骤直至凹圆弧车削完成，

程序 2：采用 WHILE[……] DO……语句编制"同心圆法"车削凹圆弧宏程序代码

```
O5013；
T0101；                                （调用 1 号刀具及其补偿参数）
M03 S1500；                            （主轴正转，转速为 1500r/min）
G0 X42 Z10；                           （X、Z 轴快速移至 X42 Z10）
Z1；                                    （Z 轴快速移至 Z1）
M08；                                   （打开切削液）
#100 = 0；                              （设置变量#100 控制凹圆弧半径）
WHILE [#100 LT 10] DO1；                （循环语句：若#100 小于 10，则循环执行
                                        WHILE 与 END1 之间的语句，否则执行
                                        END1 下一段程序）

N10 #100 = #100 + 1；                   （变量#100 依次增加 1）
#101 = #100；                           （将变量#100 的值赋给变量#101）
G0 Z[#101-20]；                         （Z 轴快速移至 Z[#101-20]）
G01 X40 F0.2；                          （X 轴进给至 X40）
G02 X40 Z[#101-20-2*#100] R[#100]；     （车削圆弧）
G01 X42；                               （X 轴进给至 X42）
END  1；
G0 X100；                               （X 轴快速移至 X100）
Z100；                                  （Z 轴快速移至 Z100）
G28 U0 W0；                             （X、Z 轴返回参考点）
M05；                                   （主轴停止）
M09；                                   （关闭切削液）
M30；
```

5.6 实例 5-5 车削内孔圆弧宏程序应用

5.6.1 零件图及加工内容

加工零件如图 5-20 所示，需要加工 R20mm 内孔圆弧，材料为 45 钢，试编制数控车加工宏程序代码（φ20mm 底孔已加工）。

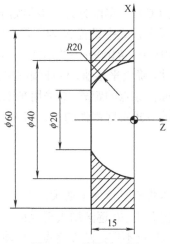

图 5-20　零件加工图

5.6.2　分析零件图

该实例车削 $R20\text{mm}$ 内孔圆弧，加工和编程之前需要考虑合理选择机床类型、数控系统、装夹方式、切削用量和切削方式（具体参阅 5.2.2 节内容）等，其中：

1）刀具：镗孔刀（1 号刀）。

2）量具：$R20\text{mm}$ 圆弧样板。

3）编程原点：编程原点及其编程坐标系如图 5-20 所示。

4）设置切削用量见表 5-5。

表 5-5　车削内孔圆弧工序卡

工序	主要内容	设备	刀具	切削用量		
				转速 /（r/min）	进给量 /（mm/r）	背吃刀量 /mm
1	车削圆弧	数控车床	镗孔刀	500	0.8	2

5.6.3　分析加工工艺

该零件是车削 $R20\text{mm}$ 内孔凹圆弧的应用实例，车削内孔圆弧常见加工思路如下：

1）X、Z 轴从 X20、Z1 快速移至 X22 Z0→车削圆弧→X 轴沿负方向快速移动 1mm→Z 轴快速移至 Z0→X 轴进给至 X24→车削圆弧……如此循环完成车削 $R20\text{mm}$ 内孔圆弧。

2）仿制 FANUC 系统"G71"车削方式，步骤如下：①将曲线解析方程简化为 X=……Z……的形式；②在该式中设置 X 为变量#101，Z 为变量#100，则方程可以用变量来表示，为#101=……#100……的形式；③求解变量#101 对应的变量#100 的值；④根据零件尺寸，确定平移值，保证编程原点和方程原点为同一个点，偏移量为曲线方程原点到编程原点的距离；⑤采用车削台阶的方式去除加工余量，采用精加工车削零件轮廓的方式实现零件的粗、精加工。

5.6.4　选择变量方法

选择变量基本原则及本实例具体加工要求，选择变量方式如下：

在车削加工过程中，内孔由 $R0$ 逐渐增大至 $R20$mm。圆弧起点：X 轴起点由 X20 逐渐增大至 X40、Z 轴起点不变；圆弧终点：X 轴终点不变、Z 轴由 Z0 逐渐减小至 Z-15。符合变量设置原则：优先选择加工中"变化量"作为变量，因此选择"X 轴尺寸"作为变量。

设置变量#100 控制内孔圆弧 X 轴加工起点，赋初始值 0；设置变量#101 控制 Z 轴加工终点，赋初始值 0。

5.6.5　选择程序算法

车削 $R20$mm 内孔圆弧采用宏程序编程时，需要考虑以下问题：一是怎样实现循环车削内孔圆弧；二是怎样控制循环的结束（实现 Z 轴变化）。下面进行分析：

（1）实现循环车削内孔圆弧　设置变量#100 控制内孔圆弧 X 轴加工起点，赋初始值 0；通过语句#100=#100+1 实现车削内孔 X 轴起始位置。车削圆弧，X 轴沿负方向快速移动 1mm 后，Z 轴快速移至 Z0 形成车削内孔圆弧循环。

（2）控制循环的结束　车削一次内孔圆弧后，通过条件判断语句，判断加工是否结束。若加工结束，则退出循环；若加工未结束，则 X 轴快速移至 X[#100]，再次进行下一次车削内孔圆弧，如此形成整个车削 $R20$mm 内孔圆弧循环过程。

5.6.6　绘制刀路轨迹

根据加工工艺分析及选择程序算法分析，FANUC 系统"G71"指令方法车削内孔圆弧刀路轨迹如图 5-21 所示。

5.6.7　绘制流程图

根据加工工艺分析及选择程序算法分析，FANUC 系统"G71"指令方法车削内孔圆弧流程图如图 5-22 所示。

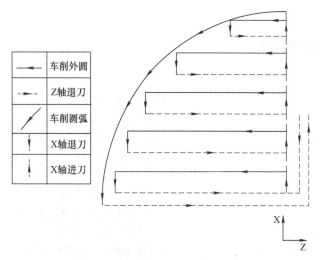

图 5-21　车削内孔圆弧刀路轨迹图

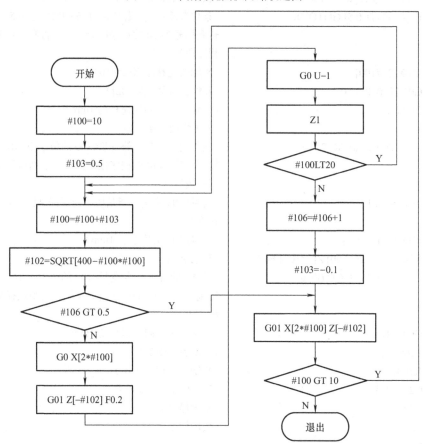

图 5-22　FANUC 系统 "G71" 方法车削内孔圆弧流程图

5.6.8 编制程序代码

```
O5014;
T0101;                              （调用1号刀具及其补偿参数）
M03 S600;                           （主轴正转，转速为600r/min）
G0 X20 Z10;                         （X、Z轴快速移至X20 Z10）
Z1;                                 （Z轴快速移至Z1）
M08;                                （打开切削液）
#106 = 0;                           （设置变量#106，判别变量）
#100 = 10;                          （设置变量#100，控制孔底半径（X轴起刀点））
#103 = 0.5;                         （设置变量#103，控制步距）
N10 #100 = #100 + #103;             （变量#100依次增加变量#103的值）
#102 = SQRT[400−#100*#100];         （根据圆解析方程，计算变量#102的值）
IF [#106 GT 0.5] GOTO20;            （条件判断语句，若变量#106的值大于0.5，则跳
                                    转到标号为20的程序段处执行，否则执行下一
                                    程序段）

G0 X[2*#100];                       （X轴快速移至X[2*#100]）
G01 Z[−#102] F0.2;                  （Z轴进给至Z[−#102]）
G0 U−1;                             （X轴沿负方向快速移动1mm）
Z1;                                 （Z轴快速移至Z1）
IF [#100 LT 20] GOTO10;             （条件判断语句，若变量#100的值小于20，则跳
                                    转到标号为10的程序段处执行，否则执行下一
                                    程序段）

#103 = −0.1;                        （变量#103步距重新赋值，为了提高圆弧轮廓的
                                    精度）
#106 = #106 + 1;                    （变量#106依次增加1mm）
N20 G01 X[2*#100] Z[−#102] F0.1;    （车削圆弧）
IF [#100 GT 10] GOTO10;             （条件判断语句，若变量#100的值大于10，则跳
                                    转到标号为10的程序段处执行，否则执行下一
                                    程序段）

G0 U−1;                             （X轴沿负方向快速移动1mm）
Z100;                               （Z轴快速移至Z100）
X100;                               （X轴快速移至X100）
G28 U0 W0;                          （X、Z轴返回参考点）
M05;                                （主轴停止）
M09;                                （关闭切削液）
M30;
```

编程总结：

1）利用圆弧公式进行计算，当 X 为某一个值时，计算出对应的 Z 值，这样能保证去除大量的余量，并且能使余量均匀，不会造成过切。

2）关于变量#103 的赋值，在去除余量时可以适当增大，在精加工时，为了保证尺寸精度和表面粗糙度，可以适当减小，在实际加工过程中根据实际情况酌情选用。

5.7 本章小结

1）本章系统地介绍了宏程序在车削圆弧类型面中的应用，依次为车削凸圆弧、凹圆弧和内孔圆弧，不同的圆弧余量去除方法和加工工艺，可以采用不同的编程思路，并且各种宏程序都有它的适用范围。本章实例针对的都是规则圆弧类轮廓的零件，但编程思路和程序逻辑方法同样也适合非圆型面轮廓的加工。

2）不可否认，宏程序和传统手工编程相比，在解决非圆类零件的加工中才能体现出明显的优势，而对于宏程序初学者来说，直接进入较为复杂的宏程序运用编程练习，会使他们产生一种畏惧情绪，因此，本书先通过前面 4 章将宏程序运用到规则类零件编程中去，由浅入深，逐步引导读者去掌握宏编程的基本思路、方法和技巧，再去学习后面章节有较大难度的实例。

第6章 车削方程型面宏程序应用

本章内容提要

前面章节系统介绍了宏程序在常见型面加工中的应用，在常见型面中也许不能充分体现宏程序的优点，因为常见型面加工采用一般的 G 指令代码和循环指令也可以实现编程。但是，一般数控系统只能进行直线和圆弧的插补运算和运动控制，针对非圆曲面如：椭圆，抛物线，双曲线，以及正、余弦函数等曲线轮廓的加工中，一般的 G 代码和循环指令就很难实现其编程和加工，所以就必须借助宏程序和软件编程（CAM）来完成，但是软件编程一般生成的程序都是由 G01、G02、G03 等常见代码组成的，程序也比较长，给程序检查带来了困难。

本章介绍宏程序在车削非圆型面中的应用，依次为方程型面宏程序编程概述，车削 1/4 右、左椭圆，1/4 凹椭圆，1/2 凹椭圆，内孔椭圆，正弦曲线外圆和大于 1/4 椭圆，它们刀路轨迹的共同特点是：X 轴和 Z 轴两轴联动并按照二次曲线方程规律完成进给运动。

6.1 方程型面宏程序编程概述

1. 方程型面定义

方程型面一般指零件形状轮廓的变化规律满足数学中特定曲线方程表达式，例如：外圆、锥度加工型面满足一次函数表达式，圆弧加工型面满足圆弧方程表达式，椭圆、抛物线等加工型面满足二次圆锥曲线方程表达式等。

本书如没有特殊说明，方程型面均指加工型面满足二次曲线方程表达式。

2. 方程型面应用场合

方程型面在产品设计、数控加工和数控人才培养中的主要应用：

1）增强产品外观流线型、提升其审美价值，产品和模具中经常会出现方程型面轮廓。

2）数控大赛中通常选择方程型面零件数控加工编程作为比赛试题。

3. 方程型面加工方法

方程型面在机械加工中通常采用计算机辅助编程（CAM）和宏程序编程，其中计算机辅助编程后置处理产生的程序量太长，修改程序也不太方便；宏程序编程以特有的编程方式，采用变量和逻辑关系，修改程序非常方便，在加工方程型面（非圆曲面）上有很强的实用性。

以椭圆为例介绍方程型面（非圆曲面）借助椭圆解析方程采用宏程序编程基本步骤：

步骤 1：将曲线方程简化成通用格式：X=……Z……（X 值和 Z 值的关系表达式）。

步骤 2：在该式中设置 X 为变量#101，Z 为变量#100，则方程可以用变量表示为：#101=……#100……。

步骤 3：将变量#100 作为自变量，变量#101 作为因变量，求解变量#101 对应的变量#100 在椭圆解析（参数）方程中的对应值。

步骤 4：根据零件尺寸确定方程原点平移值，保证编程原点和方程原点为同一个点。如果编程原点和方程原点不是同一个点，可以采用平移的方式使编程原点和方程原点重合，如图 6-1 所示。

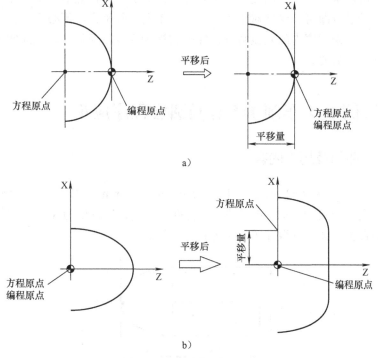

图 6-1　平移坐标系示意图

a）Z 向平移示意图　b）X 向平移示意图

偏移量为曲线方程原点到编程原点的投影距离，也可以在操作机床时将刀具补偿参数进行偏置相应的值，两者实质是一致的。

步骤5：采用"拟合法"加工出一个步距椭圆轮廓。

步骤6：通过变量#100的变化，计算出变量#100对应的变量#101的值，当变量#100满足"特定的条件"时结束循环，至此方程型面（非圆曲面）加工完毕。

以上是方程型面采用宏程序编程的通用步骤，其他方程型面只需将方程曲线表达式进行相应的改变即可。

4. 方程型面及其编程延伸

一般数控系统只具备了直线插补和圆弧插补功能，不配置椭圆、双曲线、抛物线和螺旋线等方程曲线的插补加工功能。在实际加工这类方程曲线轮廓（或者曲面）时，可以把轮廓曲线分割为一系列长度短的直线段，并逐渐逼近整条曲线，再通过建立数学模型和调用指令，通过数控系统内部计算出轮廓曲线上的各点坐标，从而实现将方程曲线的编程转换为一系列短直线或短圆弧的数控编程，这就是"拟合法"加工思想。

实际生产中为了提高加工效率，适应方程型面的不同尺寸、不同起始点和不同步距，可以编制一个只用变量不用具体数据的宏程序，然后在主程序中调用并为上述变量赋值即可。这样对于不同的方程型面参数来说，不必更改程序，只要修改主程序中宏程序内的赋值数据，即把它视为固定模板使用，就能实现批量编程的实际生产需要。

6.2 实例6-1车削1/4右椭圆宏程序应用

6.2.1 零件图及加工内容

加工零件如图6-2所示，毛坯为ϕ38mm×110mm的棒料（包含夹持长度30mm），右端需要加工成1/4椭圆形的轮廓，椭圆解析方程为$X^2/19^2+Z^2/30^2=1$，材料为铝合金，试编制数控车加工宏程序代码。

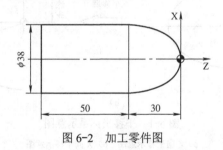

图6-2 加工零件图

6.2.2　分析零件图

该实例要求车削 1/4 右椭圆，X 轴最大余量为 38mm，Z 轴余量为 30mm，在加工和编程之前需要考虑以下几方面：

1）机床：FANUC 系统数控车床。

2）装夹：自定心卡盘。

3）刀具：90° 外圆车刀。

4）量具：椭圆样板或轮廓投影仪。

5）编程原点：编程原点及其编程坐标系如图 6-2 所示。

6）车削椭圆方式："等距偏置"或"同心椭圆法"；直径背吃刀量为 2mm。

7）设置切削用量见表 6-1。

表 6-1　车削椭圆工序卡

工序	主要内容	设备	刀具	切削用量		
				转速/(r/min)	进给量/（mm/r）	背吃刀量/mm
1	粗车椭圆弧	数控车床	90° 外圆车刀	2500	0.2	2
2	精车椭圆弧	数控车床	90° 外圆车刀	3500	0.15	0.3

6.2.3　分析加工工艺

该零件是车削 1/4 右椭圆的应用实例，车削椭圆思路较多，在此给出几种常见加工思路：

1. "平行线"法车削椭圆

X、Z 轴从 X42、Z10 快速移至 X34.2、Z0→车削长半轴为 3mm、短半轴为 1.9mm 的椭圆→X 轴沿正方向快速移动 1mm→Z 轴快速移至 Z0→X 轴进给至 X30.4→车削长半轴为 6mm、短半轴为 3.8mm 的椭圆……如此完成车削椭圆循环。

2. FANUC 系统 "G71" 法车削椭圆

1）根据椭圆解析（参数）方程，由 X（X 作为自变量）计算对应的 Z（Z 作为因变量）。

2）X 轴进给至外圆直径尺寸 X，采用 G01 方式车削 Z 轴长度值为 Z 的外圆。

3）刀具退刀至切削加工起点，加工余量减小背吃刀量，执行步骤 1），如此循环，直到加工余量等于 0，循环结束。零件粗加工完毕，椭圆型面是由无数个直径不同、轴向长度不同的外圆组成的图形集合。

4）半精加工、精加工椭圆弧面。

3. 西门子 802C 系统"LCYC95"法车削椭圆

1）根据椭圆解析（参数）方程，由 X_1（X 轴自变量的坐标值）计算对应的 Z_1（Z 轴因变量的坐标值）。

2）X 轴进给至 X_1，车削 Z 轴长度值为 Z_1 的椭圆轮廓。

3）X 自加（自减）一个步距值，用 X_2 表示，再次根据椭圆解析方程，计算 X_2 对应的 Z 值，用 Z_2 表示。

4）拟合法车削 X、Z 轴起点坐标为（X_1、Z_1），终点坐标为（X_2、Z_2）的椭圆型面。

5）刀具退刀至切削加工起点，加工余量逐渐减小，跳转至步骤 1），如此循环直到加工余量等于 0 时，循环结束，零件粗加工完毕。

4. 余量平移法和刀路轨迹值大于毛坯直径跳转方法相结合

1）将毛坯余量平移出来，采用分层切削的方式，完成一次切削，刀具退刀至切削加工起点，加工余量减小 2mm，X 轴进刀 2mm，准备下一次切削……直到加工余量等于 0，跳出切削循环，至此零件加工完毕。

2）该思路可以归纳为：第一次车削椭圆，车削余量很小，随着加工余量逐渐减小，车削余量会逐渐增大；当加工余量为 0 时，完成车削整个椭圆轮廓。

3）由 2）可知，在整个椭圆车削循环过程中，随着加工余量逐渐减小，车削余量逐渐增大，但刀路轨迹运动是恒定不变的，因此会造成很多的空切刀路，影响了加工效率。

解决问题的方法：在车削椭圆过程中，只要在刀路轨迹超过毛坯最大直径时，强制性让刀具跳转到椭圆加工起点，加工余量再次减去背吃刀量，进行下一次车削……如此循环，这样相当于把废弃的刀路修剪掉，提高了加工效率。

6.2.4 选择变量方法

根据选择变量基本原则及本实例具体加工要求，选择变量方式如下：

1）在车削加工过程中，椭圆加工起点：X 轴由 X38 逐渐减小至 X0，Z 轴起点不变；终点：X 轴终点不变，Z 轴由 Z-1 逐渐减小至 Z-30，符合变量设置原则：优先选择加工中"变化量"作为变量，因此选择"X 轴尺寸"作为变量。

设置变量#100 控制加工余量，赋初始值 38；设置变量#101 控制 Z 轴加工尺寸，赋初始值 0。

2）根据椭圆参数方程：$x=19\sin\theta$，$z=30\cos\theta$。x、z 值随着角度 θ 变化而变化，符合变量设置原则：优先选择解析（参数）方程"自身变量"作为变量，因此选择"角度 θ"作为变量。

设置变量#100 控制角度 θ，赋初始值 0。

6.2.5　选择程序算法

车削椭圆采用宏程序编程时，需要考虑以下问题：一是怎样实现循环车削椭圆；二是怎样控制循环结束（实现 Z 轴变化）；三是怎样实现粗车循环。下面进行分析：

（1）实现循环车削椭圆　设置变量#101 控制 Z 轴加工尺寸，赋初始值 0。根据椭圆解析（参数）方程，由 Z 计算对应 X（#100）值，用拟合法车削椭圆。通过语句#101 = #101-0.2 控制 Z 轴变化，Z（自变量）变化引起对应 X（因变量）变化，实现循环车削椭圆。

（2）控制循环结束　车削一次椭圆弧，通过条件判断语句，判断椭圆加工是否结束。若加工结束，则退出循环；若加工未结束，则再次拟合椭圆弧……如此形成整个车削椭圆循环。

（3）控制粗车循环　车削一次整个椭圆后，通过条件判断语句，判断加工余量是否等于 0。加工余量若等于 0，则退出循环；加工余量若大于 0，加工余量自减背吃刀量，再次车削椭圆……如此形成整个粗车椭圆循环。

6.2.6　绘制刀路轨迹

根据加工工艺分析及选择程序算法分析，精车椭圆刀路轨迹如图 6-3 所示，"G71"指令方法车削椭圆刀路轨迹如图 6-4 所示，"LCYC95"循环指令方法车削椭圆刀路轨迹如图 6-5 所示，余量平移法和刀路轨迹值大于毛坯直径跳转方法的刀路轨迹如图 6-6 所示。

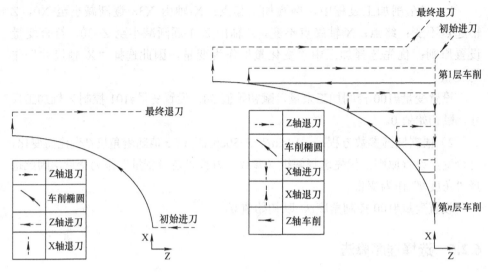

图 6-3　精车椭圆刀路轨迹图　　　　图 6-4　"G71"方法车削椭圆刀路轨迹图

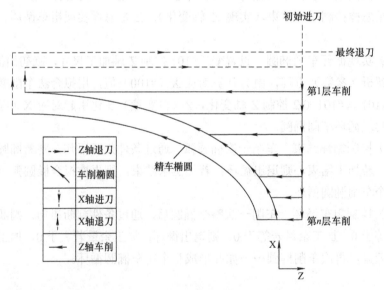

图 6-5　"LCYC95"方法车削椭圆刀路轨迹图

6.2.7　绘制流程图

根据加工工艺分析及选择程序算法分析：

1）精车椭圆流程图如图 6-7 所示，"G71"指令方法车削椭圆流程图如图 6-8 所示。

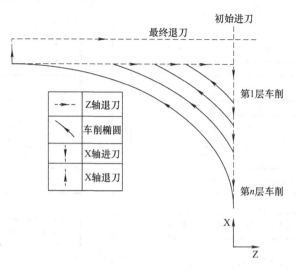

图 6-6　余量平移法和刀路轨迹值大于毛坯直径跳转方法刀路轨迹图

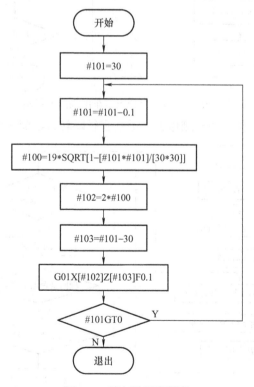

图 6-7　精车椭圆流程图

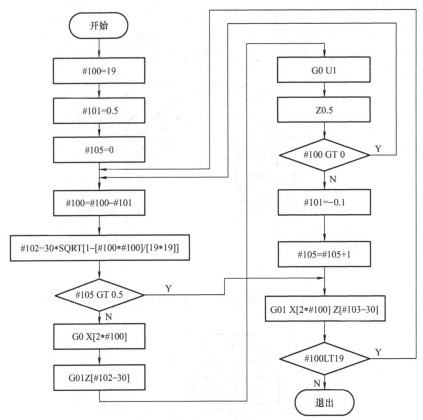

图 6-8 "G71"指令方法车削椭圆流程图

2）余量平移法和刀路轨迹值大于毛坯直径跳转方法流程图如图 6-9 所示。

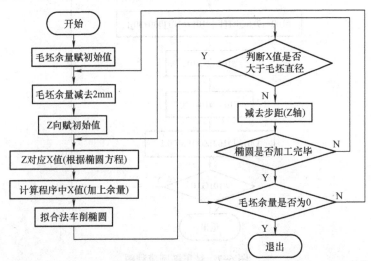

图 6-9 余量平移法和刀路轨迹值大于毛坯直径跳转方法车削椭圆流程图

3）"LCYC95"方法车削椭圆流程图如图 6-10 所示。

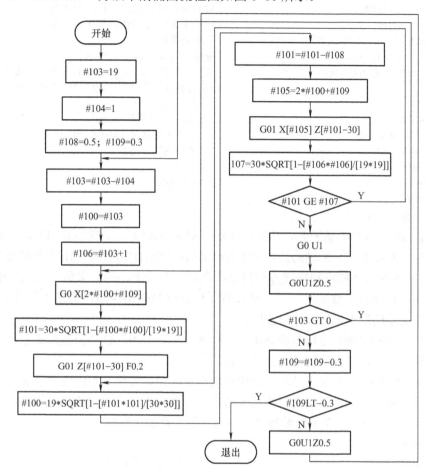

图 6-10　"LCYC95"方法车削椭圆流程图

6.2.8　编制程序代码

程序 1：宏程序进行精车轮廓

```
O6001;
T0101;                                （调用 1 号刀具及其补偿参数）
M03 S2500;                            （主轴正转，转速为 2500r/min）
G0 X0 Z10;                            （X、Z 轴快速移至 X0 Z10）
Z1;                                   （Z 轴快速移至 Z1）
M08;                                  （打开切削液）
G01 Z0 F0.2;                          （Z 轴进给至 Z0）
#101 = 30;                            （设置变量#101，控制长半轴（Z））
N10 #100= 19*SQRT[ 1-[#101*#101] / [30*30]];
```

	（根据椭圆解析方程，计算变量#100 的值）
#102 = 2*#100;	（计算变量#102 的值，程序中 X 值）
#103 = #101−30;	（计算变量#103 的值，程序中 Z 值）
G01 X[#102] Z[#103] F0.1;	（车削椭圆弧）
#101 = #101−0.1;	（变量#101 依次减去 0.1mm）
IF [#101 GE 0] GOTO10;	（条件判断语句，若变量#101 的值大于或等于 0 则跳转到标号为 10 的程序段处执行，否则执行下一程序段）
G01 U1;	（X 轴沿正方向进给 1mm）
G0 X100 Z100;	（X、Z 轴快速移至 X100 Z100）
G28 U0 W0;	（X、Z 轴返回参考点）
M05;	（主轴停止）
M09;	（关闭切削液）
M30;	

编程总结：

1）程序 O6001 基于椭圆解析方程公式 X*X/（A*A）+Z*Z/（B*B）=1，得到短半轴的坐标值，即 X 轴的计算变量为#100=19*SQRT[1−[#101*#101]/ [30*30]]。

2）由于编程原点和椭圆方程原点不在同一个点上，因此采用平移法把编程原点和方程原点平移到同一点，即设置了变量#103=#101−30，请读者参考 6.1.3 图 6-1 所示的原点平移设计示意图。

3）程序 O6001 是精车椭圆轮廓的程序，适用于加工已经去除大量毛坯余量的零件，在余量较大的情况下会产生扎刀。

4）程序 O6001 属于精车椭圆轮廓的程序，但编程思路不仅局限于椭圆类零件，对双曲线、抛物线、余弦曲线等曲线方程型面也具有一定的参考价值。

程序 2：采用三角函数编程（即参数编程）精加工轮廓

O6002;	
T0101;	（调用 1 号刀具及其补偿参数）
M03 S2500;	（主轴正转，转速为 2500r/min）
G0 X0 Z10;	（X、Z 轴快速移至 X0 Z10）
Z1;	（Z 轴快速移至 Z1）
M08;	（打开切削液）
#100 = 0;	（设置变量#100 控制角度变化）
#105 = 1;	（设置变量#105 控制步距变化）
N10 #101 = 19 * SIN[#100];	（根据椭圆参数方程，计算变量#101（X）的值）
#102 = 30 * COS[#100];	（根据椭圆参数方程，计算变量#102（Z）的值）
#103 = 2 * #101;	（计算变量#103 即程序中 X 值）
#104 = #102−30;	（计算变量#104 即程序中 Z 值）
G01 X[#103] Z[#104]F0.1;	（直线插补椭圆弧）
#100 = #100 + #105;	（变量#100 依次增加变量#105 的值，即步距自加）
IF [#100 LE 90] GOTO10;	（条件判断语句，若变量#100 的值小于或等于 90,

	则跳转到标号为 10 的程序段处执行，否则执行下一程序段）
G01 U1；	（X 轴沿正方向进给 1mm）
G0 X100 Z100；	（X、Z 轴快速移至 X100 Z100）
G28 U0 W0；	（X、Z 轴返回参考点）
M05；	（主轴停止）
M09；	（关闭切削液）
M30；	

编程总结：

1）角度编程法依据：将椭圆解析方程转换为参数方程得来的，其中公共参数设为角度量θ，即数学公式变为：X=A*sin（θ）和 Z=B*cos（θ），这种转换思路也同样适合其他类型的非圆曲线轮廓的编程加工。

2）椭圆轮廓的加工精度取决于角度增量的大小，角度增量越小，精度越高。

3）程序 O6002 是精加工椭圆轮廓，适用于已经去除大量余量零件的加工。

程序 3：参照"G71"指令思路编程进行粗、精加工轮廓

O6003；	
T0101；	（调用 1 号刀具及其补偿参数）
M03 S2500；	（主轴正转，转速为 2500r/min）
G0 X42 Z10；	（X、Z 轴快速移至 X42 Z10）
Z1；	（Z 轴快速移至 Z1）
M08；	（打开切削液）
#100 = 19；	（设置变量#100，控制毛坯余量（半径值））
#101 = 0.5；	（设置变量#101，控制背吃刀量（半径值））
#105 = 0；	（设置变量#105，标志变量）
N10 #100 = #100−#101；	（变量#100 依次减去变量#101 的值）
IF [#105 GT 0.5] GOTO 20；	（条件判断语句，若变量#105 的值大于 0.5，则跳转到标号为 20 的程序段处执行，否则执行下一程序段）
G0 X[2*#100]；	（X 轴快速移至 X[2*#100]）
N20 #102 = 30*SQRT [1−[#100*#100] / [19*19]]；	
	（根据椭圆解析方程计算变量#102 的值（Z））
#103 = #102−30；	（计算变量#103 的值，即程序中 Z 值）
IF[#105 GT 0.5] GOTO30；	（条件判断语句，若变量#105 的值大于 0.5，则跳转到标号为 30 的程序段处执行，否则执行下一程序段）
G01 Z[#103] F0.15；	（Z 轴进给至 Z[#103]）
G0 U1；	（X 轴沿负方向快速移动 1mm）
Z0.5；	（Z 轴快速移至 Z0.5）

IF [#100 GT 0] GOTO10;	（条件判断语句，若变量#100 的值大于 0，则跳转到标号为 10 的程序段处执行，否则执行下一程序段）
#101 =-0.1;	（变量#101 重新赋值）
#105 = #105 + 1;	（变量#105 依次增加 1mm）
N30 G01 X [2*#100] Z [#103] F0.15;	（车削椭圆弧轮廓）
IF [#100 LT 19] GOTO10;	（条件判断语句，若变量#100 的值小于 19，则跳转到标号为 10 的程序段处执行，否则执行下一程序段）
G01 X38 Z-30;	（车削轮廓）
G01 U1;	（X 轴沿正方向进给 1mm）
G0 X100 Z100;	（X、Z 轴快速移至 X100 Z100）
G28 U0 W0;	（X、Z 轴返回参考点）
M05;	（主轴停止）
M09;	（关闭切削液）
M30;	

编程总结：

1）程序 O6003 的思路是参考"G71"指令编制而成的，粗车是由大到小去除大量余量的，精车是由小到大进行车削的，因此通过变量#101 重新对余量进行赋值。

2）车削精度是由步距大小控制的，粗加工的步距可以适当大些，精加工轮廓时步距应适当小些，实际生产时根据加工需要酌情选择步距大小。

3）设置变量#105=0 的目的是让程序实现跳转，在实际应用中，需要设置一些自身没有意义的变量，但整个程序利用这些变量使程序实现顺利跳转。例如利用语句 IF [#105 GT 0.5] GOTO30 跳转到精加工程序，否则会无限次地车削粗加工轮廓，使程序陷入死循环，无法完成精加工轮廓。

4）语句#102 = 30*SQRT[1-[#100*#100] / [19*19]]和 G01 Z[#103]保证了在粗车过程中不会产生过切；语句#103 = #102-30 也可以在对刀后，在刀补中设置该偏置值。

程序 4：仿照西门子系统"LCYC95"循环指令进行编程

O6004;	
T0101;	（调用 1 号刀具及其补偿参数）
M03 S2500;	（主轴正转，转速为 2500r/min）
G0 X42 Z10 ;	（X、Z 轴快速移至 X42 Z10）
Z1;	（Z 轴快速移至 Z1）
M08;	（打开切削液）
#103 = 19;	（设置变量#103，控制椭圆短半轴的值）

#104 = 1；	（设置变量#104，控制粗加工背吃刀量）
#108 = 0.5；	（设置变量#105，控制步距）
#109 = 0.3；	（设置变量#109，控制精车余量）
N20 #103 = #103−#104；	（变量#103 依次减去变量#104 的值）
#100 = #103；	（把变量#103 的值赋给变量#100）
#106 = #103 + 1；	（计算变量#106 的值）
N50 G0 X[2 * #100 + #109]；	（X 轴快速移至 X[2 * #100 + #109]）
#101 = 30*SQRT [1−[#100*#100] / [19*19]]；	（根据椭圆解析方程计算变量#101 的值）
G01 Z[#101−30] F0.2；	（Z 轴进给至 Z[#101−30]）
N10 #100 = 19*SQRT [1−[#101*#101] / [30*30]]；	（计算变量#100 的值，即 Z 对应的 X 值）
#101 = #101−#108；	（变量#101 依次减去变量#108 的值）
#105 = 2*#100 + #109；	（计算变量#105 的值，即程序中 X 值（平移后））
G01 X[#105] Z[#101−30] F0.15；	（用拟合法车削椭圆弧轮廓）
#107 = 30*SQRT [1−[#106*#106] / [19*19]]；	（根据椭圆解析方程计算变量#101 的值）
IF [#101 GE #107] GOTO10；	（条件判断语句，若变量#101 的值大于变量#107，则跳转到标号为 10 的程序段处执行，否则执行下一程序段）
G0 U1；	（X 轴沿正方向快速移动 1mm）
Z0.5；	（Z 轴快速移至 Z0.5）
G0 U−1；	（X 轴沿负方向快速移动 1mm）
IF [#103 GT 0] GOTO20；	（条件判断语句，若变量#103 的值大于 0，则跳转到标号为 20 的程序段处执行，否则执行下一程序段）
#109 = #109−0.3；	（变量#109 依次减去 0.3mm）
IF [#109 LT−0.3] GOTO60；	（条件判断语句，若变量#109 的值小于−0.3，则跳转到标号为 60 的程序段处执行，否则执行下一程序段）
S3500 F0.08；	（改变转速和进给率）
GOTO 50；	（无条件跳转语句）
N60 G01 U1；	（X 轴沿正方向进给 1mm）
G0 X100 Z100；	（X、Z 轴快速移至 X100 Z100）
G28 U0 W0；	（X、Z 轴返回参考点）
M05；	（主轴停止）
M09；	（关闭切削液）
M30。	

编程总结：

1）程序 O6004 参考了西门子系统"LCYC95"的加工思路，在 X 向进刀后，根据椭圆方程计算 Z 向的进刀距离，然后车削直线轮廓以达到去除余量的目的。

2）变量#103 为毛坯余量半径值，语句#100 = #103 是为了便于方程的运算。

3）语句 IF[#109 LT−0.5] GOTO60 和 GOTO 50 这两个语句顺利实现了椭圆轮廓的精加工，其中 GOTO 语句也可以用 IF……GOTO……来实现。

4）语句#106 = #103 + 1 是 Z 向每次切削的目标点，也是每次车削交汇的坐标点，用作判别的关键点，可见该语句在整个程序中的地位。

5）设置#109 = 0.3 的作用是将精车余量设为 0.3mm（直径值），并把精车余量平移出来，相当于西门子系统"G158"偏置指令的用法。

程序5：用余量平移法和大于毛坯直径跳转方法来实现

O6005;	
T0101;	（调用 1 号刀具及其补偿参数）
M03 S2500;	（主轴正转，转速为 2500r/min）
G0 X42 Z10;	（X、Z 轴快速移至 X42 Z10）
Z1;	（Z 轴快速移至 Z1）
M08;	（打开切削液）
#103 = 19;	（设置变量#103，控制粗加工余量半径值）
#106 = 0.3;	（设置变量#106，控制精加工余量半径值）
N90 G0 X41;	（X 轴快速移至 X41）
Z0.5;	（Z 轴快速移至 Z0.5）
N20 #103 = #103−1	（变量#103 依次减去 1mm）
N30 #101 = 30.1;	（设置变量#101，控制 Z 轴变化）
G0 X[2*#103];	（X 轴快速移至 X[2*#103]）
N10 #101 = #101−0.1;	（变量#101 依次减去 0.1mm）
#102 = 19*SQRT[1−[#101*#101] / [30*30]];	
	（根据椭圆公式计算变量#102 的值，即 X 值）
#108 = 2*[#102 + #103] + #106;	（计算变量#108 的值，即程序中 X 值（平移后））
#109 = #101−30;	（计算变量#109 的值，即程序中 Z 值（平移后））
G01 X[#108] Z[#109] F0.1;	（车削椭圆弧）
IF [#108 GT 40.5] GOTO90;	（条件判断语句，若变量#108 的值大于 40.5，则跳转到标号为 90 的程序段处执行，否则执行下一程序段）
IF [#101 GT 0] GOTO10;	（条件判断语句，若变量#101 的值大于 0，则跳转到标号为 10 的程序段处执行，否则执行下一程序段）
G0 U0.5;	（X 轴沿正方向快速移动 0.5mm）
Z0.5;	（Z 轴快速移至 Z0.5）

IF [#103 GT 0] GOTO20;	（条件判断语句，若变量#103 的值大于 0，则跳转到标号为 20 的程序段处执行，否则执行下一程序段）
#106 = #106−0.3;	（变量#106 依次减去 0.3mm）
IF [#106 LT−0.3] GOTO60;	（条件判断语句，若变量#106 的值小于−0.3，则跳转到标号为 60 的程序段处执行，否则执行下一程序段）
S3500 F0.08;	（改变转速和进给率）
GOTO 30;	（无条件跳转语句）
N60 G01 U1;	（X 轴沿正方向进给 1mm）
G0 X100 Z100;	（X、Z 轴快速移至 X100 Z100）
G28 U0 W0;	（X、Z 轴返回参考点）
M05;	（主轴停止）
M09;	（关闭切削液）
M30;	

编程总结：

1）程序 O6005 是包含粗、精车的程序，适用于有大量毛坯余量的粗、精加工，具有一定的特色；如果是单一型面的加工，那么本程序的思路比较好；如果是复杂型面的加工，那么本程序的逻辑关系就会显得非常复杂，其中本程序编程的流程图如图 6-9 所示。

2）通过变量#103 的设置把粗加工的余量平移出来，通过语句 IF[#103 GT 0] GOTO20 的判别，实现了分层切削，每次车削 2mm，车削的深度均匀。

3）通过判别语句 IF[#108 GT 40.5] GOTO90，只要刀路轨迹超过了毛坯直径值，使其返回到下一次切削的起点，余量再次减去 2mm，准备进行下一次的粗加工，有效避免了空切现象，大大提高了加工效率。

程序 6："平行线"法车削椭圆宏程序代码

O6006;	
T0101;	（调用 1 号刀具及其补偿参数）
M03 S2500;	（主轴正转，转速为 2500r/min）
G0 X34.2 Z10;	（X、Z 轴快速移至 X34.2 Z10）
Z1;	（Z 轴快速移至 Z1）
M08;	（打开切削液）
#111 = 0;	（设置变量#111，控制椭圆长半轴）
#102 = 0;	（设置变量#102，控制椭圆短半轴）
N20 #111 = #111 + 3;	（变量#111 依次增加 3mm）
#102 = #102 + 1.9;	（变量#102 依次增加 1.9mm）
#106 = #111;	（变量#111 的值赋给变量#106）

```
  G01 Z0 F0.5;                            (Z 轴进给至 Z0)
  N10 #103 = #102*SQRT[1-[#111*#111] / [#106*#106] ];
                                           (根据椭圆解析方程,计算 Z 值对应的 X 值)
  #104 = 2*#103 + 38-2*#102;              (计算变量#104 的值,控制程序 X 的值(平移后))
  #105 = #111-#106;                       (计算变量#105 的值,控制程序 Z 的值(平移后))
  G01 X[#104] Z[#105] F0.2;               (用拟合法车削椭圆轮廓)
  #111 = #111-0.1;                        (变量#111 依次减去 0.1mm)
  IF [#111 GE 0] GOTO10;                  (条件判断语句,若变量#111 的值大于 0,则跳转到
                                            标号为 10 的程序段处执行,否则执行下一程序段)
  #111 = #106;                            (变量#106 的值赋给变量#111)
  G0 U0.5;                                (X 轴沿正方向快速移动 0.5mm)
  Z0.5;                                   (Z 轴快速移至 Z0.5)
  IF [#102 EQ 19] GOTO40;                 (条件判断语句,若变量#102 的值等于 19,则跳
                                            转到标号为 40 的程序段处执行,否则执行下一程
                                            序段)
  X[38 - 2*#102-2*1.9];                   (X 轴快速移至 X[38-2*#102-2*1.9])
  IF [#102 LT 19] GOTO20;                 (条件判断语句,若变量#102 的值小于 19,则跳
                                            转到标号为 20 的程序段处执行,否则执行下一程
                                            序段)
  N40 G0 X100;                            (X 轴快速移至 X100)
  Z100;                                   (Z 轴快速移至 Z100)
  G28 U0 W0;                              (X、Z 轴返回参考点)
  M05;                                    (主轴停止)
  M09;                                    (关闭切削液)
  M30;
```

编程总结:

1)程序 O6006 是"平行线"法车削椭圆的宏程序代码,该程序编程思路:先车削长半轴为 3mm、短半轴为 1.9mm 的椭圆,完成车削椭圆后,再车削长半轴为 6mm、短半轴为 3.8mm 的椭圆……如此循环,最后车削长半轴为 30mm、短半轴为 19mm 的椭圆。

2)设置变量#111 控制椭圆长半轴的变化,设置变量#102 控制椭圆短半轴的变化,通过语句#111 = #111 + 3 和#102 = #102 + 1.9 实现椭圆长、短半轴同步增大。

3)程序 O6006 编程的关键是设置辅助性变量#106 来实现椭圆长半轴值的变化。

4)车削一次完整椭圆后,从语句 IF [#111 GE 0] GOTO10 可知:变量#110 的变化为 0,执行#111 = #111 + 3 = 3,与第一次车削椭圆的长半轴值相同,循环执

行程序后，发现椭圆长半轴的值并没有发生改变，不符合预期目的。

解决方法：车削一次完整椭圆后，变量#111 重新赋值，见程序中语句#111 = #106。

5）程序 O6006 是椭圆双向平移的典型应用，如程序中语句#104 = 2*#103 + 38-2*#102 和#105 = #111-#106，请读者结合图 6-1 理解语句作用，在此为了节省篇幅不再赘述。

6.3　实例 6-2 车削 1/4 左椭圆宏程序应用

6.3.1　零件图及加工内容

加工零件如图 6-11 所示，毛坯为 ϕ38mm×45mm 的棒料，需要加工成 1/4 左椭圆轮廓，椭圆解析方程为 $X^2/19^2 + Z^2/30^2 = 1$，材料为铝合金，试编制数控车加工宏程序代码。

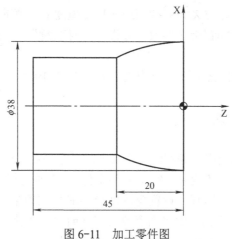

图 6-11　加工零件图

6.3.2　分析零件图

该实例要求加工左椭圆，加工和编程之前需要考虑合理选择机床类型、数控系统、装夹方式、切削用量和切削方式（具体参阅 6.2.2 节内容）等，其中：

1）刀具：35°尖形车刀（1 号刀，注意车刀副偏角不能和已加工表面干涉）。

2）编程原点：编程原点及其编程坐标系如图 6-11 所示。

3）设置切削用量见表 6-2。

表6-2 数控车削左椭圆的工序卡

工序	主要内容	设备	刀具	切削用量		
				转速/（r/min）	进给量/（mm/r）	背吃刀量/mm
1	粗车椭圆弧	数控车床	尖刀	1500	0.3	0.5

6.3.3 分析加工工艺

左椭圆轮廓加工和右椭圆轮廓加工是有所区别的，车削右椭圆是先去除余量，然后再车削椭圆轮廓；加工左椭圆是先车削一段椭圆轮廓，当刀具轨迹中的X值小于根据椭圆解析方程计算出来的X值时，走直线以去除大量余量，直到完成整个椭圆弧轮廓的车削。

6.3.4 选择变量方法

根据选择变量基本原则及本实例具体加工要求，选择变量方式如下：

根据椭圆的解析方程 $X^2/19^2+Z^2/30^2=1$，z 值随着 x 值的变化而变化，符合变量设置原则：优先选择解析（参数）方程"自身变量"作为变量，因此选择"X轴尺寸"作为变量。

设置变量#100控制椭圆短半轴的值，赋初始值19。

6.3.5 选择程序算法

车削左椭圆采用宏程序编程时，需要考虑以下问题：一是怎样实现循环车削椭圆；二是怎样控制循环结束（实现Z轴变化）。下面进行分析：

（1）实现循环车削椭圆 设置变量#100控制椭圆短半轴（X）的值，赋初始值19。根据椭圆解析方程，由X计算对应Z（#101）的值。通过G01 X_ Z_（直线拟合）车削椭圆，通过#100＝#100-0.2实现X轴每次减小0.2mm的变化，椭圆短半轴的变化引起对应椭圆长半轴的变化，实现循环车削椭圆轮廓。

（2）控制循环结束 车削一次椭圆弧，通过条件判断语句，判断椭圆加工是否结束。若加工结束，则退出循环；若加工未结束，则通过X轴变化引起Z轴变化，再次车削椭圆弧，如此形成整个车削椭圆轮廓的循环刀路轨迹。

6.3.6 绘制刀路轨迹

根据加工工艺分析及选择程序算法分析，车削左椭圆刀路轨迹如图 6-12

所示。

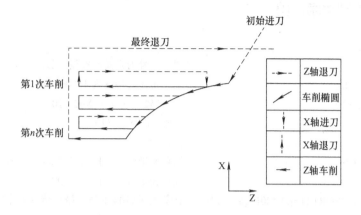

图 6-12　车削左椭圆的刀路示意图

6.3.7　绘制流程图

根据加工工艺分析及选择程序算法分析，车削左椭圆流程图如图 6-13 所示。

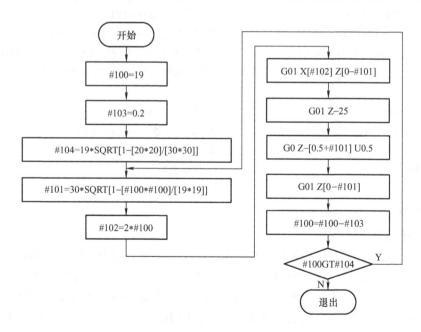

图 6-13　车削左椭圆流程图

6.3.8　编制程序代码

O6007;	
T0101;	（调用 1 号刀具及其补偿参数）
M03 S1500;	（主轴正转，转速为 1500r/min）
G0 X42 Z10;	（X、Z 轴快速移至 X42 Z10）
Z1;	（Z 轴快速移至 Z1）
M08;	（打开切削液）
#100 = 19;	（设置变量#100，控制椭圆短半轴的值）
#103 = 0.2;	（设置变量#103，控制步距）
#104 = 19*SQRT [1-[20*20] / [30*30]];	（计算变量#104 的值，循环结束条件）
N10 #101 = 30*SQRT [1-[#100*#100] / [19*19]];	
	（根据椭圆解析方程，计算 X 对应 Z 的值）
#102 = 2*#100;	（计算变量#102 的值，即程序中 X 的值）
G01 X[#102] Z[0-#101] F0.3;	（车削椭圆弧轮廓）
G01 Z-25;	（Z 轴进给至 Z-25）
U0.5;	（X 轴沿正方向快速移动 0.5mm）
G0 Z-[0.5 + #101];	（Z 轴快速移至 Z-[0.5 + #101]）
G01 Z[0-#101] F0.3;	（Z 轴进给至 Z[0-#101]）
#100 = #100-#103;	（变量#100 依次减去变量#103 的值）
IF [#100 GT #104] GOTO10;	（条件判断语句，若变量#100 的值大于变量#104，则跳转到标号为 10 的程序段处执行，否则执行下一程序段）
G01 X41;	（X 轴进给至 X41）
G0 X100 Z100;	（X、Z 轴快速移至 X100 Z100）
G28 U0 W0;	（X、Z 轴返回参考点）
M05;	（主轴停止）
M09;	（关闭切削液）
M30;	

编程总结：

1）程序 O6007 的思路是根据公式计算 X 在椭圆公式中对应的 Z 值，利用直线插补车削椭圆弧轮廓，当程序中的 X 值小于根据椭圆解析方程计算出来的 X 值时，直线插补去除大量余量，然后 X 向退刀，Z 向退刀到上一次车削椭圆弧的终点，减小一个步距，再然后准备进行下一刀的车削，如此反复，直到完成整个零件的加工。

2）语句 G01 Z[0 - #101]的作用：Z 向快速退刀到上一次车削椭圆弧的终点，这是一个关键的坐标点，这样才能保证下一刀的起点是上一刀的终点。

3）变量#103 = 0.2 是用来控制步距的，在实际加工中粗加工时可以适当大些，精加工时可以适当小些，具体情况可以视加工要求酌情选择。

4）程序 O6007 主要针对椭圆轮廓的粗加工程序，没有涉及精加工程序，在程序 O6007 的基础上，增加两个变量#105 = 0 和#106 = 0，就可以完成整个零件的粗、精加工。

6.4 实例 6-3 车削 1/4 凹椭圆宏程序应用

6.4.1 零件图及加工内容

加工零件如图 6-14 所示，毛坯如图 6-15 所示，需要加工 1/4 凹椭圆轮廓，椭圆解析方程为 $X^2/19^2+Z^2/30^2=1$，材料为铝合金棒料，试编制数控车加工 1/4 凹椭圆的宏程序代码。

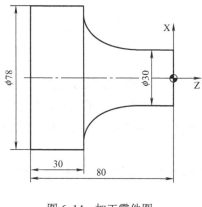

图 6-14 加工零件图

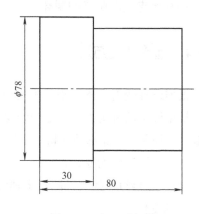

图 6-15 加工毛坯图

6.4.2 分析零件图

该实例要求车削 1/4 凹椭圆，加工和编程之前需要考虑合理选择机床类型、数控系统、装夹方式、切削用量和切削方式（具体参阅 6.2.2 节内容）等，其中：

1）刀具：90° 外圆车刀（1 号刀）。

2）编程原点：编程原点及其编程坐标系如图 6-14 所示。

3）车削椭圆方式：仿型加工；X（轴）向的背吃刀量为 0.5mm（直径）。

4）设置切削用量见表 6-3。

表 6-3　数控车削 1/4 凹椭圆工序卡

工序	主要内容	设备	刀具	切削用量		
				转速/（r/min）	进给量/（mm/r）	背吃刀量/mm
1	粗车椭圆弧	数控车床	90°外圆车刀	3500	0.2	0.5

6.4.3　分析加工工艺

该零件是车削 1/4 凹椭圆的应用实例，常见加工思路为：X、Z 轴从 X70、Z10 快速移至 X[68-2*#102]、Z1→车削外圆→车削长半轴为 3mm、短半轴为 1.9mm 的椭圆→X 轴沿正方向快速移动 1mm→Z 轴快速移至 Z1→#102=#102+1.9→X 轴进给至 X[68-2*#102]→车削外圆→车削长半轴为 6mm、短半轴为 3.8mm 的椭圆……如此完成车削椭圆循环。

6.4.4　选择变量方法

根据选择变量基本原则及本实例具体加工要求，选择变量方式如下：

根据椭圆的解析方程：$X^2/19^2 + Z^2/30^2 = 1$。Z 值随着 X 值的变化而变化，符合变量设置原则：优先选择解析（参数）方程"自身变量"作为变量，因此选择"椭圆长、短半轴"作为变量。

设置变量#111 控制椭圆长半轴值、变量#102 控制椭圆短半轴值，变量#120 控制 Z 轴变化。

6.4.5　选择程序算法

车削 1/4 凹椭圆采用宏程序编程时，需要考虑以下问题：一是怎样实现循环车削椭圆；二是怎样控制车削循环结束（实现 Z 轴变化）；三是怎样控制粗车循环。下面进行分析：

（1）实现循环车削椭圆　设置变量#111 控制椭圆长半轴，赋初始值 3；设置变量#120 控制 Z 轴尺寸。根据椭圆解析方程，计算 X 对应 Z（#101）的值。

用拟合法车削椭圆；通过语句#120 = #120 - 0.2 控制 Z 轴变化，实现循环车削椭圆。

（2）控制循环结束　用拟合法车削椭圆弧，通过条件判断语句，判断椭圆加工是否结束。若加工结束，则退出循环；若加工未结束，则通过 Z 轴变化引起 X 轴变化，再次车削椭圆弧……如此形成整个车削椭圆循环。

（3）控制粗车循环　车削一次完整 1/4 凹椭圆后，通过条件判断语句判断粗车是否结束。若加工结束，则退出循环；若加工未结束，则使椭圆长、短半轴同步增大，再次车削椭圆……如此形成整个粗车 1/4 凹椭圆循环。

6.4.6　绘制刀路轨迹

根据加工工艺分析及选择程序算法分析，车削整个 1/4 凹椭圆刀路轨迹如图 6-16 所示。

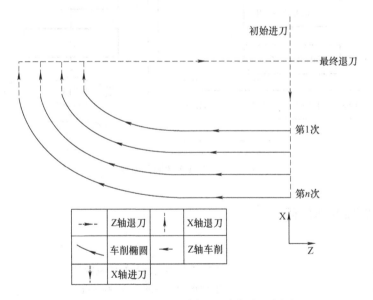

图 6-16　车削 1/4 凹椭圆刀路轨迹示意图

6.4.7　绘制流程图

根据加工工艺分析及选择程序算法分析编制车削 1/4 凹椭圆流程图，如图 6-17 所示。

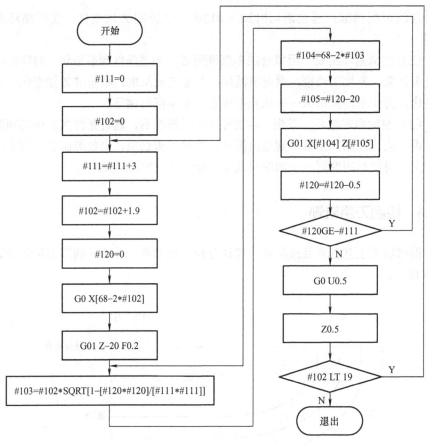

图 6-17 车削 1/4 凹椭圆流程图

6.4.8 编制程序代码

```
O6008;
T0101;                                    （调用1号刀具及其补偿参数）
M03 S3500;                                （主轴正转，转速为3500r/min）
G0 X70 Z10;                               （X、Z轴快速移至X70 Z10）
Z1;                                       （Z轴快速移至Z1）
M08;                                      （打开切削液）
#111 = 0;                                 （设置变量#111，控制椭圆长半轴）
#102 = 0;                                 （设置变量#102，控制椭圆短半轴）
N20 #111 = #111 + 3;                      （变量#111依次增加3mm）
#102 = #102 + 1.9;                        （变量#102依次增加1.9mm）
#120 = 0;                                 （设置变量#120，控制Z轴加工起始点）
```

G0 X[68-2*#102];	（X 轴快速移至 X[68-2*#102]）
G01 Z-20 F0.2;	（Z 轴进给至 Z-20）
N10 #103 = #102 * SQRT[1-[#120*#120] / [#111*#111]];	
	（根据椭圆解析方程，计算 Z 对应的 X 值）
#104 = 68-2*#103;	（计算变量#104 的值，控制程序中 X 的值）
#105 = #120-20;	（计算变量#105 的值，控制程序中 Z 的值）
G01 X[#104] Z[#105] F0.2;	（用拟合法车削椭圆轮廓）
#120 = #120-0.5;	（变量#120 依次减去 0.5）
IF [#120 GE-#111] GOTO10;	（条件判断语句，若变量#120 的值大于或等于-#111 则跳转到标号为 10 的程序段处执行，否则执行下一程序段）
G0 U0.5;	（X 轴沿正方向快速移动 0.5mm）
Z0.5;	（Z 轴快速移至 Z0.5）
IF [#102 LT 19] GOTO20;	（条件判断语句，若变量#102 的值小于 19，则跳转到标号为 20 的程序段处执行，否则执行下一程序段）
G0 X100;	（X 轴快速移至 X100）
Z100;	（Z 轴快速移至 Z100）
G28 U0 W0;	（X、Z 轴返回参考点）
M05;	（主轴停止）
M09;	（关闭切削液）
M30;	

编程总结：

1）程序 O6008 是"平行线法"车削椭圆的宏程序代码，该程序编程思路为：先车削长半轴为 3mm、短半轴为 1.9mm 的椭圆，完成车削椭圆后，再次车削长半轴为 6mm、短半轴为 3.8mm 的椭圆……如此循环，最后车削长半轴为 30mm、短半轴为 19mm 的椭圆。

2）设置变量#111 控制椭圆长半轴的变化，设置变量#102 控制椭圆短半轴的变化，通过语句#111 = #111 + 3 和#102 = #102 + 1.9 实现椭圆长、短半轴同步增大。同步增加量在实际加工中应酌情选择。

6.5　实例 6-4 车削 1/2 凹椭圆宏程序应用

6.5.1　零件图及加工内容

加工零件如图 6-18 所示，毛坯为 φ60mm×100mm 的棒料（φ60mm 外圆已加工），需要加工一个 1/2 凹椭圆形状的轮廓，椭圆解析方程为 $X^2/19^2+Z^2/30^2= 1$，材料为铝合金，试编制数控车加工 1/2 凹椭圆的宏程序代码。

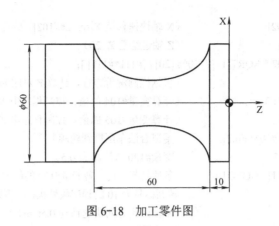

图 6-18　加工零件图

6.5.2　分析零件图

该实例要求加工 1/2 凹椭圆，加工和编程之前需要考虑合理选择机床类型、数控系统、装夹方式、切削用量和切削方式（具体参阅 6.2.2 节内容）等，其中：

1）刀具：35°尖形车刀（1 号刀，注意车刀副偏角不能和已加工表面干涉）。

2）编程原点：编程原点及其编程坐标系如图 6-18 所示。

3）车削椭圆方式："同心椭圆"法；X 轴背吃刀量为 1.9mm（直径）。

4）设置切削用量见表 6-4。

表 6-4　数控车削 1/2 凹椭圆的工序卡

工序	主要内容	设备	刀具	切削用量		
				转速/（r/min）	进给量/（mm/r）	背吃刀量/mm
1	粗车 1/2 凹椭圆弧	数控车床	尖刀	2500	0.15	1.9
2	精车 1/2 凹椭圆弧	数控车床	尖刀	3500	0.08	0.5

6.5.3　分析加工工艺

该零件是车削 1/2 凹椭圆的应用实例，常见加工思路如下：

1. "同心法" 车削椭圆

先车削一个长、短半轴较小（例如：长半轴为 3mm、短半轴为 1.9mm）的凹椭圆弧，车削一次后，X、Z 轴退刀至下一次车削凹椭圆弧加工的起点，准备下一次车削凹椭圆弧，下一次车削凹椭圆弧的长、短半轴要比上一次车削凹椭圆弧的长、短半轴要大（车削凹椭圆弧长、短半轴按照一定的规律逐渐增大至零件尺寸），直至凹椭圆弧加工结束。

2. "平行线法"去除椭圆加工余量,"步距法"精加工轮廓

1)根据椭圆解析方程,由 Z(Z 作为自变量)计算对应的 X(X 作为因变量)。

2)X 轴进给至 X,采用 G01 方式车削 Z 轴长度为 Z 值 2 倍的外圆。

3)刀具快速移至加工起点,Z 值减去步距,执行步骤 1),如此循环直到 Z 轴步距加工完毕,循环结束。零件粗加工完毕,椭圆型面是由无数个直径不同、轴向长度不同的外圆组成图形的集合。

6.5.4 选择变量方法

根据选择变量基本原则及本实例具体加工要求,选择变量方法如下:

根据椭圆的解析方程 $X^2/19^2 + Z^2/30^2 = 1$。Z 值随着 X 值的变化而变化,符合变量设置原则:优先选择解析(参数)方程"自身变量"作为变量,因此选择"椭圆长、短半轴"作为变量。设置变量#113 控制椭圆长半轴的值,设置变量#114 控制椭圆短半轴的值。

6.5.5 选择程序算法

车削 1/2 凹椭圆采用宏程序编程时,需要考虑以下问题:一是怎样实现循环车削凹椭圆;二是怎样控制车削循环结束(实现 Z 轴变化);三是怎样控制粗车循环。下面进行分析:

(1)实现循环车削凹椭圆 设置变量#100 控制椭圆角度,根据椭圆参数方程,计算#101=#114*COS[#100]和#102=#113*SIN[#100],通过 G01 X[60-2*#102] Z[#102-50],用拟合法车削椭圆,通过语句#100 = #100+1 控制角度变化,椭圆长、短半轴随着角度变化而变化,实现循环车削椭圆。

(2)控制循环结束 用拟合法车削椭圆弧,通过条件判断语句,判断椭圆加工是否结束。若加工结束,则退出循环;若加工未结束,则通过角度变化引起 X、Z 轴值的变化,再次车削椭圆弧……如此形成整个车削椭圆循环。

(3)实现椭圆长、短半轴同步增大 车削一次完整 1/2 凹椭圆后,通过条件判断语句,判断椭圆长短半轴的值是否和图样尺寸一样。若尺寸一致,则退出循环;若小于图样尺寸,则通过椭圆长、短半轴同步增大,再次车削椭圆,如此形成整个粗车 1/2 凹椭圆循环。

6.5.6 绘制刀路轨迹

根据加工工艺分析及选择程序算法分析,"同心圆"方法车削 1/2 凹椭圆刀路轨迹如图 6-19 所示,"平行线"方法车削 1/2 凹椭圆刀路轨迹如图 6-20 所示。

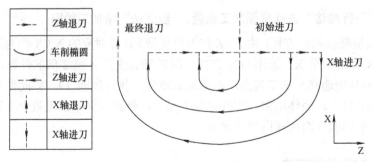

图 6-19 "同心圆"方法车削 1/2 凹椭圆刀路轨迹图

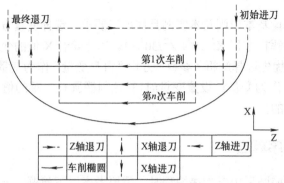

图 6-20 "平行线"方法车削 1/2 凹椭圆刀路轨迹图

6.5.7 绘制流程图

根据以上分析,"同心圆"方法车削 1/2 凹椭圆流程图如图 6-21 所示。"平行线"方法粗车 1/2 凹椭圆、精加工车削椭圆轮廓流程图如图 6-22 所示。

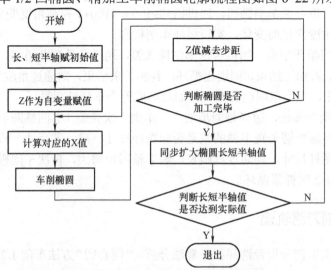

图 6-21 "同心法"车削 1/2 凹椭圆流程图

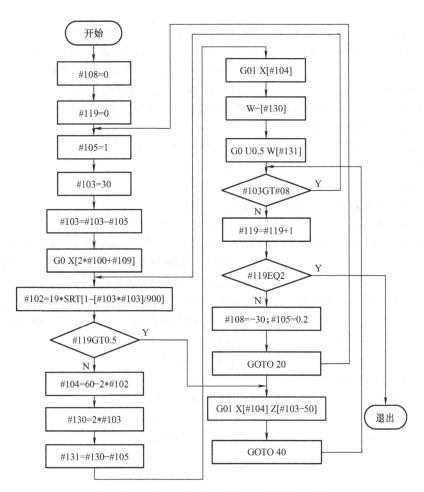

图 6-22 "平行线"方法车削 1/2 凹椭圆流程图

6.5.8 编制程序代码

程序 1:"同心圆"方法车削 1/2 凹椭圆宏程序代码

O6009;	
T0101;	(调用 1 号刀具及其补偿参数)
M3 S2500;	(主轴正转,转速为 2500r/min)
G0X100 Z1;	(X、Z 轴快速移至 X100 Z1)
Z-47;	(Z 轴快速移至 Z-47)
M08;	(打开切削液)
G01 X62 F1;	(X 轴进给至 X62)
#113 = 1.9;	(设置变量#113,控制椭圆短半轴)

#114 = 3;	（设置变量#114，控制椭圆长半轴）
WHILE [#113 LE 19] DO1;	（循环语句，若变量#113小于或等于19，则程序在WHILE和END 1之间循环，否则执行END1下一语句）
#100 = 0;	（设置变量#100，控制角度的变化）
N10 #101 = #114*COS[#100];	（计算角度#101对应的Z值）
#102 = #113*SIN[#100];	（计算角度#102对应的X值）
#103 = 2*#102;	（计算变量#103的值）
#104 = 60−#103;	（计算变量#104的值）
#107 = #101−50;	（计算变量#107的值）
G01 X[#104] Z[#107] F0.15;	（车削凹椭圆）
#100 = #100 +1;	（变量#100依次增加1°）
IF [#100 LE 180] GOTO10;	（条件判断语句，若变量#100的值小于或等于180，则跳转到标号为10的程序段处执行，否则执行下一程序段）
G0 U20;	（X轴沿正方向快速移动20mm）
IF [#113 EQ 19] GOTO60;	（条件判断语句，若变量#113的值等于19，则跳转到标号为60的程序段处执行，否则执行下一程序段）
#113 = #113 + 1.9;	（#113依次增加1.9mm）
#114 = #114 + 3;	（#114依次增加3mm）
#118 = #114 * COS[0]-50;	（计算变量#118的值）
G0 Z[#118];	（Z轴快速移至Z[#118]）
U−19;	（X轴沿负方向快速移动19mm）
G01 U−1 F0.5;	（X轴沿负方向进给1mm）
END 1;	
N60 G0 X100;	（X轴快速移至X100）
Z100;	（Z轴快速移至Z100）
G28 U0 W0;	（X、Z轴返回参考点）
M09;	（关闭切削液）
M05;	（关闭主轴）
M30;	

编程要点提示：

1）本程序采用"同心圆"方法车削凹椭圆轮廓的程序，也包含粗加工程序，该程序采用"分割曲线轮廓"和"直线逼近曲线轮廓"的编程思路，大概为：先把椭圆长、短半轴分为均匀的10等分，再车削一个小椭圆轮廓，然后逐渐增加椭圆的长、短半轴值，慢慢逼近最终椭圆的轮廓。

2）每次车削凹椭圆轮廓时长、短半轴的尺寸都不一样，语句 G0 Z[#101−50] 是控制每次Z向的进刀点。

程序2："平行线"方法去除余量，再精车轮廓车削1/2凹椭圆宏程序代码

O6010；
T0101；　　　　　　　　　　　（调用 1 号刀具及其补偿参数）
M3 S2500；　　　　　　　　　　（主轴正转，转速为 2500r/min）
G0 X61 Z1；　　　　　　　　　（X、Z 轴快速移至 X61 Z1）
Z–20；　　　　　　　　　　　　（Z 轴快速移至 Z–20）
M08；　　　　　　　　　　　　（打开切削液）
G01 X60 F0.2；　　　　　　　　（X 轴进给至 X60）
#108 = 0；　　　　　　　　　　（设置变量#108，控制判断条件）
#119 = 0；　　　　　　　　　　（设置变量#119，标志变量）
#105 = 1；　　　　　　　　　　（设置变量#105，控制背吃刀量和步距）
N20 #103 = 30 + #105；　　　　　（设置变量#103，控制 Z 轴变化）
N10 #103 = #103–#105；　　　　（变量#103 依次减去变量#105 的值）
#102 = 19*SQRT [1–[#103*#103] / 900]；

　　　　　　　　　　　　　　　（根据椭圆方程，计算 Z 对应的 X 值）
#104 = 60–2*#102；　　　　　　（计算变量#104 的值，即程序中 X 的值）
 IF [#119 GT 0.5] GOTO30；　　　（条件判断语句，若变量#119 的值大于 0.5，则跳
　　　　　　　　　　　　　　　转到标号为 30 的程序段处执行，否则执行下一程
　　　　　　　　　　　　　　　序段）

#130 = 2*#103；　　　　　　　　（计算变量#130 的值，即程序中 Z 的值）
#131 = #130–#105；　　　　　　（计算变量#131 的值）
G01 X[#104]；　　　　　　　　　（X 轴进给至 X[#104]）
W–[#130]；　　　　　　　　　　（Z 轴沿负方向进给[#130]）
G0 U0.5；　　　　　　　　　　　（X 轴沿正方向进给 0.5mm）
W[#131]；　　　　　　　　　　　（Z 轴沿正方向快速移动[#131]）
N40 IF[#103 GT #108] GOTO10；　（条件判断语句，若变量#103 的值等于#108，则
　　　　　　　　　　　　　　　跳转到标号为 10 的程序段处执行，否则执行下一
　　　　　　　　　　　　　　　程序段）

#119 = #119 + 1；　　　　　　　（#119 号变量依次增加 1mm）
IF [#119 EQ 2] GOTO50；　　　　（条件判断语句，若变量#119 的值等于 2，则跳转到
　　　　　　　　　　　　　　　标号为 50 的程序段处执行，否则执行下一程序段）

G0 X61；　　　　　　　　　　　（X 轴快速移至 X61）
Z–20；　　　　　　　　　　　　（Z 轴快速移至 Z–20）
G01 X60 F0.2；　　　　　　　　（X 轴进给至 X60）
#108 = –30；　　　　　　　　　（变量#108 重新赋值）
#105 = 0.2；　　　　　　　　　（变量#105 重新赋值）
GOTO 20；　　　　　　　　　　（无条件跳转语句）
N30 G01 X[#104] Z[#103-50]；　　（车削椭圆）
GOTO 40；　　　　　　　　　　（无条件跳转语句）
N50 G0 X100；　　　　　　　　（X 轴快速移至 X100）
Z100；　　　　　　　　　　　　（Z 轴快速移至 Z100）
G28 U0 W0；　　　　　　　　　（X、Z 轴返回参考点）
M05；　　　　　　　　　　　　（主轴停止）

M09;   （关闭切削液）

M30;

编程总结：

1）程序 O6010 是车削直线的方式去除余量和精加工车削椭圆轮廓宏程序代码。

2）程序 O6010 编程关键：根据椭圆解析方程，设置#103=30 控制 Z 轴变化，由 Z 计算对应 X 的值；X 轴进给至 X 轴起点位置，车削椭圆为 1/2 凹椭圆，故 Z 轴车削长度为 2 倍的#103 的值。

3）变量#103 在粗加工结束后，其值递减至-30，故精车椭圆轮廓，变量#103 需要重新赋值，见程序中跳转语句 GOTO 20。

4）粗加工结束判断条件和精加工判断条件不一致，故变量#108 需要重新赋值，见程序中语句#108 =-30。

5）1/2 凹椭圆是关于椭圆方程中心对称，因此采用增量编程比较方便，见程序中语句 W-[#130]和 W[#131]。

6）对于标志（判别）变量为#119 以及结束循环语句 IF [#119 EQ 2] GOTO50，请读者结合程序自行分析，在此不再赘述。

6.6   实例 6-5 车削内孔椭圆宏程序应用

6.6.1   零件图及加工内容

加工零件如图 6-23 所示，毛坯图如图 6-24 所示，外圆直径为ϕ100mm，底孔ϕ21mm 已加工完成，材料为铝合金，编制车削内孔椭圆的宏程序，椭圆方程为：$X^2/19^2+ Z^2/30^2= 1$，其中椭圆中心落在右端面上。

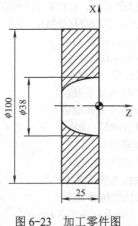

图 6-23 加工零件图

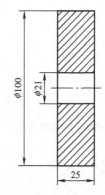

图 6-24 毛坯图

6.6.2 分析零件图

该实例要求加工内孔椭圆，加工和编程之前需要考虑合理选择机床类型、数控系统、装夹方式、切削用量和切削方式（具体参阅 6.2.2 节内容）等，其中：

1）刀具：通孔镗孔刀（1 号刀）。

2）编程原点：编程原点及其编程坐标系如图 6-23 所示。

3）车削椭圆方式："拟合法"车削椭圆；X（轴）向背吃刀量为 1mm（直径）。

4）设置切削用量见表 6-5。

表 6-5 数控车削内孔椭圆的工序卡

工序	主要内容	设备	刀具	切削用量		
				转速/（r/min）	进给量/（mm/r）	背吃刀量/mm
1	粗、精镗孔	数控车床	通孔镗孔刀	2000	0.15	1

6.6.3 分析加工工艺

椭圆内孔的车削加工和车削外椭圆在加工工艺、选择变量方式、选择程序算法等方面有较大的相似之处，请读者参考 6.2 节实例车削右椭圆相关部分，在此不再赘述。

6.6.4 绘制刀路轨迹

根据以上分析，"G71"指令方法车削椭圆内孔刀路轨迹如图 6-25 所示。

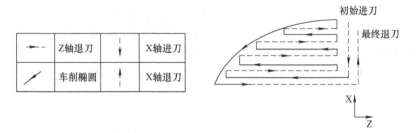

图 6-25 "G71"指令方法车削椭圆内孔刀路轨迹图

6.6.5 编制程序代码

O6011；

T0101； （调用 1 号刀具及其补偿参数）

M3 S2000;	（主轴正转，转速为 2000r/min）
G0 X20 Z10;	（X、Z 轴快速移至 X20 Z10）
M08;	（打开切削液）
Z1;	（Z 轴快速移至 Z1）
G01 Z0 F0.4;	（Z 轴进给至 Z0）
#101 = 10;	（设置变量#101，控制底孔半径）
#104 = 1;	（设置变量#104，控制步距）
#105 = 0;	（设置变量#105，标志变量）
N20 #101 = #101 + #104;	（变量#101 依次增加变量#104 的值）
#103 = 2*#101;	（计算变量#103）
IF[#105 GT 0.5] GOTO30;	（条件判断语句，若变量#105 的值大于 0.5，则跳转到标号为 30 的程序段处执行，否则执行下一程序段）
G0 X[#103];	（X 轴快速移至 X[#103]）
N30 #102 = 30 * SQRT[1−[#101*#101] / [19*19]];	（根据椭圆解析方程计算变量#102 的值）
IF[#105 GT 0.5] GOTO40;	（条件判断语句，若变量#105 的值大于 0.5，则跳转到标号为 40 的程序段处执行，否则执行下一程序段）
G01 Z[0−#102] F0.15;	（Z 轴进给至 Z[0−#102]）
G0 U−1;	（X 轴沿负方向快速移动 1mm）
Z0.5;	（Z 轴快速移至 Z0.5）
IF [#101 LT 19] GOTO20;	（条件判断语句，若变量#101 的值小于 19，则跳转到标号为 20 的程序段处执行，否则执行下一程序段）
#104 =−0.1;	（变量#104 重新赋值）
#105 = #105 + 1;	（变量#105 依次增加 1mm）
N40 G01 X[#103] Z [0−#102] F0.08;	（车削椭圆弧轮廓）
IF [#101 GT 10.5] GOTO20;	（条件判断语句，若变量#101 的值大于 10.5，则跳转到标号为 20 的程序段处执行，否则执行下一程序段）
G0 X18;	（X 轴快速移至 X18）
Z100;	（Z 轴快速移至 Z100）
G28 U0 W0;	（X、Z 轴返回参考点）
M05;	（主轴停止）
M09;	（关闭切削液）
M30;	

编程总结：

1）程序参考"G71"指令来车削椭圆内孔，粗加工走直线方式，精加工走椭圆弧轮廓，利用椭圆公式计算 X 对应的 Z 值，也可以留 0.5mm 为精加工余量，确保粗加工时不会过切。

2）由于是车削椭圆内孔，所以要注意退刀方向应为 X 轴负方向。

3）因为编程原点和椭圆方程的中心点是同一个点，并且车削的是椭圆的左面，因此程序中设置 Z 值变量为 Z[0-#102]。

4）粗车削椭圆内轮廓时，刀路 X 的值是由小到大进行车削的，而精加工时是由大到小进行车削的，因此变量#104 需要重新赋值，且为负值。

6.7 实例 6-6 车削正弦曲线外圆宏程序应用

6.7.1 零件图及加工内容

加工零件如图 6-26 所示，毛坯为 ϕ20mm×60mm 的棒料，材料为铝合金，编制车削正弦截面轮廓的宏程序，该正弦曲线解析方程为 X = 20sinZ，其中 Z 为自变量。

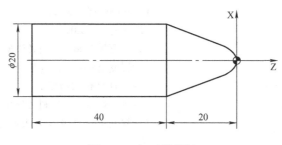

图 6-26 加工零件图

6.7.2 分析零件图

该实例要求加工正弦截面轮廓，加工和编程之前需要考虑合理选择机床类型、数控系统、装夹方式、切削用量和切削方式（具体参阅 6.2.2 节内容）等，其中：

1）编程原点：编程原点及其编程坐标系如图 6-26 所示。

2）车削椭圆方式：X（轴）向背吃刀量为 1mm（直径）。

3）设置切削用量见表 6-6 所示。

表6-6 数控车削正弦曲线的工序卡

工序	主要内容	设备	刀具	切削用量		
				转速/（r/min）	进给量/（mm/r）	背吃刀量/mm
1	粗车正弦函数线	数控车床	90°外圆车刀	2500	0.15	1
2	精车正弦函数线	数控车床	90°外圆车刀	3000	0.15	0.3

6.7.3 分析加工工艺

车削正弦函数线和车削外椭圆在加工工艺、选择变量方式、选择程序算法等方面的区别是方程表达式不同，笔者仅提供参考程序，其余请读者参考6.2节实例车削右椭圆相关部分，在此不再赘述。

6.7.4 编制程序代码

```
O6012;
T0101;                          （调用1号刀具及其补偿参数）
M3 S2000;                       （主轴正转，转速为2000r/min）
G0 X0 Z10;                      （X、Z轴快速移至X0 Z10）
M08;                            （打开切削液）
Z1;                             （Z轴快速移至Z1）
G01 Z0;                         （Z轴进给至Z0）
#106 = 0;                       （设置变量#106，控制Z轴变化）
#103 = 0;                       （设置变量#103，控制角度）
N10 #103 = #103 + 1;            （变量#103依次增加1°）
#107 = 20 / 90;                 （设置变量#107，控制Z轴步距）
#104= 10 * sin[#103];           （计算变量#104的值，根据正弦函数曲线解析方
                                  程）
#105 = 2*#104;                  （计算变量#105的值）
#106 = #106 + #107;             （计算变量#106的值）
 G01 X[#105] Z [0-#106] F0.12;  （车削正弦函数曲线轮廓）
 IF [#103 LT 90] GOTO10;        （条件判断语句，若变量#103的值小于90，则跳
                                  转到标号为10的程序段处执行,否则执行下一程
                                  序段）
G01 X21;                        （X轴进给至X21）
G0 X100;                        （X轴快速移至X100）
Z100;                           （Z轴快速移至Z100）
G28 U0 W0;                      （X、Z轴返回参考点）
M05;                            （主轴停止）
```

M09；　　　　　　　　　　　　（关闭切削液）

M30；

编程总结：

1）程序 O6012 用于精加工正弦函数曲线的轮廓，适用于已经去除大量毛坯余量的工件的加工，不能应用于毛坯件的加工，否则会产生扎刀。

2）关于变量#107 = 20/90 的说明：零件的加工角度是由 0°到 90°的变化，而工件的轴向距离为 20mm，因此将 Z 向每次的变化值设置为变量#107，Z 向步距大小应和角度的变化相对应。

3）其他编程总结请读者参考 6.2 节实例相关部分结合程序语句自行分析，在此不再赘述。

6.8　实例 6-7 车削大于 1/4 椭圆宏程序应用

6.8.1　零件图及加工内容

加工零件如图 6-27 所示，毛坯 $\phi38mm\times110mm$ 的棒料（$\phi38mm$ 外圆已加工，包含夹持长度 30mm），需要加工较为完整形状的椭圆（椭圆中心在零件的轴心线上，刀路轨迹已超过 1/4 整个椭圆）轮廓，椭圆解析方程为：$X^2/19^2+Z^2/30^2=1$，材料为铝合金，试编制数控车过中心椭圆宏程序代码。

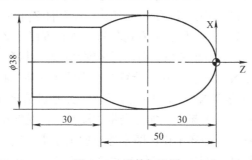

图 6-27　零件加工图

6.8.2　分析零件图

该实例车削过中心椭圆，加工和编程之前需要考虑合理选择机床类型、数控系统、装夹方式、切削用量和切削方式（具体参阅 6.2.2 节内容）等，其中：

1）刀具：90°外圆车刀（1 号刀）、反 90°外圆车刀（2 号刀）、60°外圆车刀（3 号刀，刀具主后角要保证其两侧后刀面与加工面不发生干涉）。

2）量具：游标卡尺和轮廓投影仪。

3）编程原点：编程原点及其编程坐标系如图 6-27 所示。

4）车削椭圆方式：Z 轴"线性轮廓"单向切削；X（轴）向背吃刀量为 2mm。

5）设置切削用量见表 6-7。

表 6-7　车削过中心椭圆工序卡

	主要内容	设备	刀具	切削用量		
				转速/(r/min)	进给量/(mm/r)	背吃刀量/mm
1	粗车椭圆	数控车床	90°外圆车刀	2000	0.2	2
2	精车椭圆	数控车床	90°外圆车刀	3000	0.15	0.3

6.8.3　分析加工工艺

该零件是车削过中心椭圆应用实例，大于 1/4 椭圆车削加工比小于或等于 1/4 复杂些，在此给出两种常见加工思路：

1）先粗车削右面半个椭圆轮廓，再车削左面半个椭圆轮廓，留 0.3mm 的精车余量，然后车削整个圆弧加工轮廓，该加工思路清晰，在实际加工应用较广泛。

分析加工工艺、选择变量方法、选择程序算法等请读者参见 6.2 节实例，在此不再赘述。

2）FANUC 系统"G71"指令方法车削过中心椭圆。①根据椭圆解析（参数）方程，由 X 值计算右半椭圆（圆心右面椭圆）对应的 Z_1 值；②X 轴进给至外圆直径尺寸（坐标值为 X_1），采用 G01 方式车削 Z 轴长度值为 Z_1 的轮廓；③判断左半椭圆是否粗车完毕，若粗车完毕，则执行步骤⑥；若未粗车完毕则执行步骤④；④根据椭圆解析（参数）方程，由 X 计算左半椭圆（椭圆中心在左面椭圆）对应的 Z_2 值；⑤X 轴快速移至 X51，Z 轴进给至 Z2，X 轴进给至 X1，车削 Z-70 外圆轮廓；⑥刀具快速移至加工起点，加工余量逐渐减小，跳转至步骤①，如此循环直到加工余量等于 0 时，循环结束，即零件粗加工完毕，椭圆型面是由无数个直径不同、轴向长度不同的外圆组成的图形集合；⑦按照上述思路进一步完成半精加工、精加工椭圆轮廓。

6.8.4　选择变量方法

根据选择变量基本原则及本实例具体加工要求，选择变量方式如下：

根据椭圆的解析方程 $X^2/19^2+Z^2/30^2=1$，Z 值随着 X 值变化而变化，符合变量设置原则；优先选择解析（参数）方程"自身变量"作为变量，因此选择"椭圆长、短半轴"作为变量,设置变量#100 控制椭圆长半轴值;设置变量#103 控制椭圆短半轴值。

6.8.5　选择程序算法

车削过中心椭圆采用宏程序编程时,需要考虑以下问题:一是怎样实现循环车削椭圆;二是怎样控制循环结束。下面进行分析:

(1)实现循环车削椭圆　设置变量#100 控制 Z 轴尺寸,赋初始值 19。通过语句#100 = #100−#110 控制 Z 轴变化,车削椭圆后,根据椭圆解析方程计算下一次 Z 值对应的 X 值,再次拟合车削椭圆……如此形成车削椭圆循环。

(2)控制循环结束　车削一次椭圆循环后,通过条件判断语句,判断毛坯余量是否等于 0。若等于 0,则退出循环;若大于 0,则 X 轴快速移至 X[#100],再次进行下一次车削,如此形成整个车削过中心椭圆循环。

6.8.6　绘制刀路轨迹

1)根据加工工艺分析及选择程序算法分析,先粗车削右面半个椭圆轮廓,再粗车削左面半个椭圆轮廓,然后精车削整个椭圆加工轮廓的刀路轨迹如图 6-28 所示。

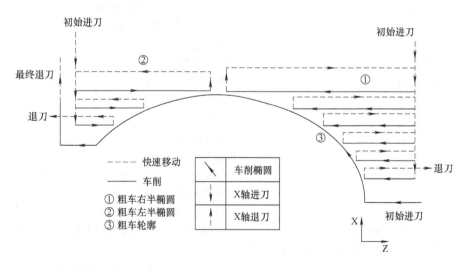

图 6-28　"先右后左再精车"刀路轨迹图

2)FANUC 系统"G71"指令方法车削椭圆,刀路轨迹如图 6-29 所示。

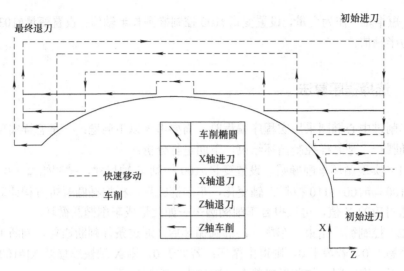

图 6-29 "G71"指令方法车削圆弧刀路轨迹图

6.8.7 编制程序代码

程序1:"先右后左再精车"宏程序代码

O6013;	
T0101;	(调用1号刀具及其补偿参数)
M03 S2000;	(主轴正转,转速为2000r/min)
G0 X51 Z10;	(X、Z轴快速移至X51 Z10)
Z1;	(Z轴快速移至Z1)
M08;	(打开切削液)
#100 = 19;	(设置变量#100,控制X轴尺寸)
#110 = 0.5;	(设置变量#110,控制背吃刀量和步距)
#111 = 0;	(设置变量#111,控制判断条件)
#112 = 1;	(设置变量#112,控制正负转换)
#113 = 0.5;	(设置变量#113,控制退刀值)
#114 = 0;	(设置变量#114,标志变量)
#130 = 0;	(设置变量#130,标志变量)
#140 = 0;	(设置变量#140,标志变量)
N10 #100 = #100−#110;	(变量#100依次减去变量#110的值)
#103 = 30 * SQRT[1−[#100 * #100] / [19 * 19]];	
	(根据椭圆解析方程计算变量#103的值(Z))
IF [#130 GT 0.5] GOTO30;	(条件判断语句,若变量#130的值大于0.5,则跳转到标号为30的程序段处执行,否则执行下一程

	序段）
G0 X[2*#100 + 0.3]；	（X 轴快速移至 X[2*#100 + 0.3]）
G01 Z[#112 * #103−30] F0.2；	（Z 轴快进给至 Z[#112 * #103−30]）
G01 U1；	（X 轴沿正方向快速移动 1mm）
Z[#113]；	（Z 轴快速移至 Z[#113]）
IF [#100 GT #111] GOTO10；	（条件判断语句，若变量#100 的值大于变量#111，则跳转到标号为 10 的程序段处执行，否则执行下一程序段）
IF [#114 GT 0.5] GOTO20；	（条件判断语句，若变量#114 的值大于 0.5，则跳转到标号为 20 的程序段处执行，否则执行下一程序段）
G0 X100 Z100；	（X、Z 轴快速移至 X100 Z100）
G28 U0 W0；	（X、Z 轴返回参考点）
M05；	（主轴停止）
M09；	（关闭切削液）
M01；	
T0202；	（调用 2 号刀具及其补偿参数）
M03 S2000；	（主轴正转，转速为 2000r/min）
G0 X51 Z10；	（X、Z 轴快速移至 X51 Z10）
Z−60；	（Z 轴快速移至 Z−60）
M08；	（打开切削液）
#100 = 19；	（设置变量#100，控制 X 轴尺寸）
#112 = −#112；	（变量#112 取负运算）
#113 = −60；	（变量#113 重新赋值，控制退刀值）
#111 = 19*SQRT[1−[20*20] / [30*30]]；	（变量#111 重新赋值，控制判断条件）
#114 = #114 + 1；	（变量#114 依次增加 1mm）
GOTO 10；	（无条件跳转语句）
N20 G0 X100；	（X 轴快速移至 X100）
Z100；	（Z 轴快速移至 Z100）
G28 U0 W0；	（X、Z 轴返回参考点）
M05；	（主轴停止）
M09；	（关闭切削液）
M01；	
T0303；	（调用 3 号刀具及其补偿参数）
M03 S3000；	（主轴正转，转速为 3000r/min）
G0 X0 Z10；	（X、Z 轴快速移至 X0 Z10）
Z1；	（Z 轴快速移至 Z1）
G01 Z0 F0.15；	（Z 轴进给至 Z0）
#130 = #130 + 1；	（#130 号变量依次增加 1mm）

#100 = 0;	（设置变量#100，控制 X 轴尺寸）
#110 = -0.2;	（变量#110 重新赋值，控制步距）
#112 = -#112;	（变量#112 取负运算）
GOTO10;	（无条件跳转语句）
N30 G01 X[2*#100] Z[#112*#103-30] F0.15;	
	（车削椭圆）
IF [#140 GT 0.5] GOTO70;	（条件判断语句，若变量#140 的值大于 0.5，则跳转到标号为 70 的程序段处执行，否则执行下一程序段）
IF [#100 LT 19] GOTO10;	（条件判断语句，若变量#100 的值小于 19，则跳转到标号为 10 的程序段处执行，否则执行下一程序段）
#140 = #140 + 1;	（变量#140 依次增加 1mm）
#110 = -#110;	（变量#110 取负运算）
#112 = -#112;	（变量#112 取负运算）
#150 = 19 * SQRT [1-[20 * 20] / [30* 30]];	
	（计算变量#150 的值，循环结束条件）
N70 IF [#100 GT #150] GOTO10;	（条件判断语句，若变量#100 的值大于#150，则跳转到标号为 10 的程序段处执行，否则执行下一程序段）
G01 Z-60;	（Z 轴进给至 Z-60）
X51;	（X 轴进给至 X51）
G0 X100 Z100;	（X、Z 轴快速移至 X100 Z100）
G28 U0 W0;	（X、Z 轴返回参考点）
M05;	（主轴停止）
M09;	（关闭切削液）
M30;	

编程总结：

1）程序 O6013 是先粗车右半椭圆后粗车左半椭圆，最后精车整个圆弧轮廓的宏程序代码。

2）程序 O6013 的逻辑关系相对复杂，涉及标志变量较多如：变量#114、#130、#140 等。

3）变量#150 控制循环结束条件。采用椭圆短半轴（X 轴）作为自变量，X 值变化引起 Z 值变化，由图 6-27 可知 X 值最终变化需要根据椭圆方程计算。

4）变量#110 = 0.5 用来控制步距大小。右半椭圆（椭圆中心右面部分）精车轮廓，X 轴由 0 逐渐增大至 19，结合语句#100 = #100-#110 判断，步距应为正值；左半圆弧（圆心左面圆弧段）精车轮廓 X 轴由 19 逐渐减小至#150，与右半椭圆

（椭圆中心右面部分）相反，步距应为负值。

5）变量#112 = 1 作为正负转换变量，控制 Z 值在右半椭圆（椭圆中心右面部分）与左半椭圆（椭圆中心左面部分）之间转换。

程序 2：参考 FANUC 系统"G71"指令方法车削圆弧宏程序代码

```
O6014;
T0303;                          （调用 3 号刀具及其补偿参数）
M03 S2000;                      （主轴正转，转速为 2000r/min）
G0 X51 Z10;                     （X、Z 轴快速移至 X51 Z10）
Z1;                             （Z 轴快速移至 Z1）
M08;                            （打开切削液）
#100 = 19;                      （设置变量#100，控制 X 轴尺寸）
#111 = 0;                       （设置变量#111，标志变量）
#112 = 1;                       （设置变量#112，控制背吃刀量、步距）
#118 = 0;                       （设置变量#118，标志变量）
#120 = 0;                       （设置变量#120，标志变量）
#150 = 19 * SQRT [1-[20 * 20] / [ 30* 30]];
                                （计算变量#150 的值，循环结束条件）
N10 #100 = #100-#112;           （变量#100 依次减去变量#112 的值）
#103 = 30 * SQRT[1-[#100 * #100] / [19 * 19] ];
                                （根据椭圆解析方程计算变量#103 的值（Z））
IF [#118 GT 0.5] GOTO50;        （条件判断语句，若变量#118 的值大于 0.5，则跳
                                转到标号为 50 的程序段处执行，否则执行下一程
                                序段）
G0 X[2*#100 + 0.3];             （X 轴快速移至 X[2*#100 + 0.3]）
G01 Z[#103-30] F0.2;            （Z 轴进给至 Z[#103-30]）
IF [#111 GT 0.5] GOTO20;        （条件判断语句，若变量#111 的值大于 0.5，则跳
                                转到标号为 20 的程序段处执行，否则执行下一程
                                序段）
G0 X51;                         （X 轴快速移至 X51）
Z[-#103-30];                    （Z 轴快速移至 Z[-#103-30]）
G01 X[2*#100 + 0.5];            （X 轴进给至 X[2*#100 + 0.5]）
G01 Z-60;                       （Z 轴进给至 Z-60）
G0 X51;                         （X 轴快速移至 X51）
N20 G0 U0.5;                    （X 轴沿正方向快速移动 0.5mm）
Z0.5;                           （Z 轴快速移至 Z0.5）
IF [#100 GT #150] GOTO10;       （条件判断语句，若变量#100 的值大于变量#150，
                                则跳转到标号为 10 的程序段处执行，否则执行下
                                一程序段）
#111 = #111 + 1;                （变量#111 依次增加 1mm）
```

N30 IF [#100 GT 0] GOTO10；	（条件判断语句，若变量#100 的值大于 0，则跳转到标号为 10 的程序段处执行，否则执行下一程序段）
M03 S3000；	（主轴正转，转速为 3000r/min）
#118 = #118 + 1；	（变量#118 依次增加 1mm）
#119 = 1；	（设置变量#119，控制正负切换）
#112 = −0.2；	（变量#112 重新赋值）
G0 X0；	（X 轴快速移至 X0）
Z0.5；	（Z 轴快速移至 Z0.5）
G01 Z0 F0.2；	（Z 轴进给至 Z0）
N50 G01 X[2*#100] Z[#119*#103−30] F0.15；	（车削椭圆）
IF [#120 GT 0.5] GOTO60；	（条件判断语句，若变量#120 的值大于 0.5，则跳转到标号为 60 的程序段处执行，否则执行下一程序段）
IF [#100 LT 19] GOTO10；	（条件判断语句，若变量#100 的值小于 19，则跳转到标号为 10 的程序段处执行，否则执行下一程序段）
#112 = −#112；	（变量#112 取负运算）
#119 = −#119；	（变量#119 取负运算）
#120 = #120 + 1；	（变量#120 依次增加 1mm）
N60 IF [#100 GT #150] GOTO10；	（条件判断语句，若变量#100 的值大于变量#150，则跳转到标号为 10 的程序段处执行，否则执行下一程序段）
G01 Z−60；	（Z 轴进给至 Z−60）
X51；	（X 轴进给至 X51）
G0 X100 Z100；	（X、Z 轴快速移至 X100 Z100）
G28 U0 W0；	（X、Z 轴返回参考点）
M05；	（主轴停止）
M09；	（关闭切削液）
M30；	

编程总结：

1）程序 O6014 仿制 FANUC 系统"G71"指令方法的加工方式，编写宏程序代码，其思路是：粗车采用车削外圆的方式去除毛坯大部分的余量，留 0.3～0.5mm 加工余量，最终精加工车削零件轮廓。

2）变量#112= 1 用来控制步距的大小。右半圆弧（圆心右面圆弧段）精车轮廓，X 轴由 0 逐渐增大至 25，结合语句#100 = #100−#112 判断，步距应为正值；左半椭圆（椭圆中心左面部分）精车轮廓 X 轴由 19 逐渐减小至#150，与右半椭圆（椭圆中心右面部分）相反，因此步距应为负值。

3）变量#150 请读者参考程序 O6013 编程总结 3）；标志变量为#111、#118 和#120，请读者参考程序 O6013 编程总结 4）；正负转换变量#119 请读者参考程序 O6013 编程总结 5），在此不再赘述。

6.9　本章小结

1）宏程序特别适合用于车削非圆曲面回转类零件的编程加工，利用椭圆曲线拟合的编程原理，同样可以用于编程双曲线、抛物线等二次非曲线轮廓加工，只要合理运用宏程序的参数和转向语句 GOTO 或循环语句 WHILE 来编程，并用直线插补 G01 进行拟合加工，就能很好地简化程序，提高编程质量。

2）编制宏程序离不开数学知识作为支撑，其中三角函数、解析方程和参数方程等是最为基础的，要编制出高效的宏程序，一方面要求编程者具有良好的工艺知识和经验，即具备选择和确定切削用量参数、选择合理刀具、设计走刀方式等的能力；另一方面也要求编程者具有相应的数学知识，即掌握如何将型面曲线方程转化为符合程序格式要求的编程语句的能力。

第7章 车削高级螺纹宏程序应用

本章内容提要

第3章介绍了在普通螺纹加工中引入宏程序可以拓展螺纹加工范围，本章在此基础上，再介绍宏程序在车削外圆梯形螺纹、圆弧牙型螺纹、变距螺纹、圆弧面螺纹、椭圆弧面螺纹等高级螺纹中的应用，并对编制高级螺纹加工宏程序进行了总结。

高级螺纹编程和普通螺纹编程的主要区别在于 Z 轴再次进给值的控制上，例如车削外圆梯形螺纹进给量由槽底宽减去刀宽除以 2 所得，采用 Z 轴再次进给的方法车削；圆弧牙型螺纹、圆弧面螺纹、椭圆弧面螺纹等高级螺纹是根据螺纹牙型形状，找出它们之间的规律（例如圆弧牙型螺纹 Z 轴的再次进给值，是根据圆弧解析（参数）方程计算出相应进刀 X 值和 Z 值位置而得来），采用拟合法并结合"G32"指令车削螺旋线的方法拟合螺纹形状。

7.1 实例 7-1 车削外圆梯形螺纹宏程序应用

7.1.1 零件图及加工内容

如图 7-1 所示为 Tr38×6 单线梯形螺纹（30° 米制梯形螺纹）的零件图，螺纹有效长度为 60mm，材料为 45 钢，试编制车削外圆梯形螺纹的加工程序。

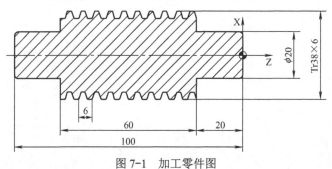

图 7-1 加工零件图

7.1.2　分析零件图

该实例要求数控车削梯形螺纹，毛坯尺寸为ϕ38mm×100mm，其中ϕ38mm、ϕ20mm 的外圆和端面已完成加工。根据加工零件图以及毛坯，加工和编程之前需要考虑以下几方面：

1）机床：选择 FANUC 系统数控车床。

2）装夹：自定心卡盘，采用"一顶一夹"的方式。

3）刀具：30°螺纹刀（1 号刀，粗加工）；30°螺纹刀（2 号刀，精加工）。

4）量具：①规格为 0～150mm 游标卡尺；②规格为 25～50mm 的千分尺。

5）编程原点：编程原点及其编程坐标系如图 7-1 所示。

6）加工方法：径向分层车削梯形螺纹。

7）设置切削用量见表 7-1。

表 7-1　数控车削梯形螺纹的工序卡

工序	主要内容	设备	刀具	切削用量		
				转速/(r/min)	进给量/(mm/r)	背吃刀量/mm
1	粗车削螺纹	数控车床	30°螺纹刀	120	6	0.5、0.2、0.1
2	精车削螺纹	数控车床	30°螺纹刀	120	6	0.05

7.1.3　分析加工工艺

该零件是车削外圆梯形螺纹应用实例，其基本思路是：刀具从（X42 Z1）位置快速移至（X42 Z-15）位置→Z 轴沿负方向进给 0.114mm→X 轴快速移至 X37.5（第一层螺纹背吃刀量为 0.5mm）→Z 轴车削螺纹→X 轴快速移至 X42→Z 轴快速移至 Z-15→Z 轴沿正方向进给 0.114mm→X 轴快速移至 X37.5（第一层螺纹背吃刀量为 0.5mm）→Z 轴车削螺纹（完成车削螺纹（第一层背吃刀量为 0.5mm）循环）→X 轴快速移至 X42→Z 轴快速移至 Z-15（准备车削螺纹（第二层背吃刀量为 0.3mm）循环）→如此完成车削外圆梯形螺纹。

7.1.4　选择变量方法

根据选择变量基本原则及本实例具体加工要求，选择变量有以下几种方式：

在车削加工过程中，螺纹牙型深度值由 0 逐渐减小至-7，"螺纹轴向尺寸"不发生改变，符合变量设置原则：优先选择加工中"变化量"作为变量，因此选择"螺纹牙型深度"作为变量，设置变量#101 控制螺纹牙型深度，赋初始值 0。

7.1.5 选择程序算法

车削螺纹采用宏程序编程时，需要考虑以下问题：一是怎样实现循环车削螺纹；二是怎样控制循环的结束（实现 X 轴变化），下面进行分析：

（1）实现循环车削螺纹 设置变量#101 控制螺纹牙型深度，赋初始值 0；设置变量#104 控制车削螺纹背吃刀量，赋初始值 0.5。通过语句#101 = #101−#104 和#106 = #101+38 控制 X 轴起始位置；Z 轴车削一次梯形螺纹后，X 轴快速移至 X42，Z 轴快速移动 Z−15，由此形成刀路轨迹图如图 7-2 所示。

（2）控制循环结束 循环车削一次梯形螺纹后，通过条件判断语句，判断加工是否结束。若加工结束，则退出循环；若加工未结束，则 X 轴快速移至 X[#106]，Z 轴车削螺纹……如此循环，形成车削外圆梯形螺纹。

7.1.6 绘制刀路轨迹

根据加工工艺分析及选择程序算法的分析，绘制多层循环刀路轨迹如图 7-2 所示。

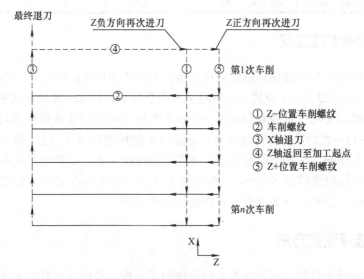

图 7-2 车削梯形螺纹刀路轨迹示意图

7.1.7 绘制流程图

根据以上算法设计和分析，绘制该螺纹车削加工的程序流程图如图 7-3 所示。

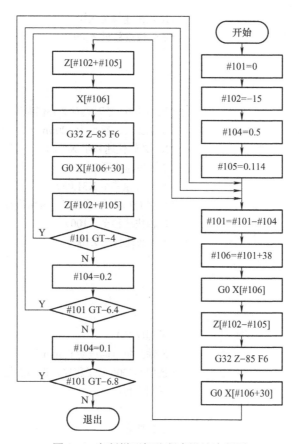

图 7-3　车削梯形螺纹程序设计流程图

7.1.8　编制程序代码

程序 1：采用子程序嵌套车削梯形螺纹

O7001；

T0101；　　　　　　　　　　（调用第 01 号刀具及其补偿参数）

M03 S120 M08；　　　　　　　（主轴正转，转速为 120r/min，打开切削液）

G0 X42 Z1；　　　　　　　　（X、Z 轴快速移至 X42Z1）

Z-15；　　　　　　　　　　（Z 轴快速移至 Z-15）

X38；　　　　　　　　　　　（X 轴快速移至 X38）

M98 P87002；　　　　　　　　（调用 O7002 号子程序，调用次数为 8）

M98 P127003；　　　　　　　（调用 O7003 号子程序，调用次数为 12）

M98 P57004；　　　　　　　　（调用 O7004 号子程序，调用次数为 5）

M98 P7005；　　　　　　　　（调用 O7005 号子程序，调用次数为 1）

```
G0 X100;                        （X轴快速移至X100）
Z100;                           （Z轴快速移至Z100）
M05;
M09;
M01;
T0202;                          （调用第02号刀具及其补偿参数）
M03 S120 M08;                   （主轴正转，转速为120r/min，打开切削液）
G0 X42 Z1;                      （X、Z轴快速移至X42Z1）
Z-15;                           （Z轴快速移至Z-15）
X31.05;                         （X轴快速移至X31.05）
M98 P7006;                      （调用O7006号子程序，调用次数为1）
G0 X100;                        （X轴快速移至X100）
Z100;                           （Z轴快速移至Z100）
M05;
M09;
M30;
……
O7002;                          （子程序名）
G01 U-0.5;                      （X轴沿负方向进给0.5mm）
M98 P7006;                      （调用O7006号子程序，调用次数为1）
M99;                            （返回主程序）
……
O7003;                          （子程序名）
G01 U-0.2;                      （X轴沿负方向进给0.2mm）
M98 P7006;                      （调用O7006号子程序，调用次数为1）
M99;                            （返回主程序）
……
O7004;                          （子程序名）
G01 U-0.1;                      （X轴沿负方向进给0.1mm）
M98 P7006;                      （调用O7006号子程序，调用次数为1）
M99;                            （返回主程序）
……
O7005;                          （子程序名）
G01 U-0.05;                     （X轴沿负方向进给0.05mm）
M98 P7006;                      （调用O7006号子程序，调用次数为1）
M99;                            （返回主程序）
……
O7006;                          （子程序名）
G01 W-0.114;                    （Z轴沿负方向进给0.114mm）
```

G32 Z–85 F6；	（车削螺纹）
G0 U30；	（X 轴沿正方向进给 30mm）
Z–15；	（Z 轴快速移至 Z–15）
U–30；	（X 轴沿负方向进给 30mm）
W0.114；	（Z 轴沿正方向进给 0.114mm）
G32 Z–85 F6；	（车削螺纹）
G0 U30；	（X 轴沿正方向进给 30mm）
Z–15；	（Z 轴快速移至 Z–15）
U–30；	（X 轴沿负方向进给 30mm ）
M99；	（返回主程序）

……

编程总结：

1）梯形螺纹相关计算。梯形螺纹代号用字母"Tr"及公称直径×螺距表示，单位均为mm，左旋梯形螺纹需在其标注的末尾处加注"LH"，右旋螺纹则不用标注，如："Tr36×6""Tr44×8LH"等。国际标准规定，公制梯形螺纹的牙型角度为30°。外梯形螺纹的牙型图如图 7-4 所示，内梯形螺纹牙型示意图如图 7-5 所示，各基本尺寸计算公式见表 7-2，编程时相关中间数据的换算和计算都按照此表公式进行。

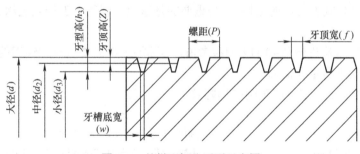

图 7-4　外梯形螺纹牙型示意图

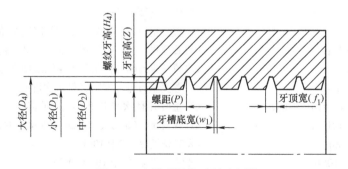

图 7-5　内梯形螺纹牙型示意图

表 7-2　梯形螺纹相关尺寸计算公式

	代　号	计　算　公　式			
牙顶间隙	a_c	P	1.5～5	6～12	14～44
		a_c	0.25	0.5	1
大径	d、D_4	D = 公称直径；　　$D_4 = d + 2a_c$			
中径	d_2、D_2	$d_2 = d - 0.5P$；　$D_2 = d - P$			
小径	d_3、D_1	$d_3 = d - 2h_3$；　$D_1 = d - P$			
外、内螺纹牙高	h_3、H_4	$h_3 = 0.5P + a_c$；　$H_4 = h_3$			
牙顶槽宽	f、f_1	$F = f_1 = 0.3666P$			
牙槽底宽	w、w_1	$w = w_1 = 0.3666P - 0.536 a_c$			
牙顶宽	Z	$Z = 0.25P$			

2）梯形螺纹尺寸计算可采用如下公式的三针法进行测量和换算

$$M = d + 4.864D - 1.866P$$

式中　M——三针测量时的理论值；

d——螺纹中径；

D——测量时钢针的直径，取值为 $0.518P$；

P——螺纹的导程。

3）利用子程序嵌套实现了梯形螺纹的径向分层切削，这样有利于提高零件的表面质量和减少刀具的磨损，更为重要的是避免了因第一刀切入过深而产生"扎刀"现象。

4）Z 轴再次进给值–0.114 为参考值，实际加工中需要测量螺纹刀的刀宽来确定 Z 轴再次进给量（值）。

程序 2：采用宏程序车削梯形螺纹

```
O7007;
T0101；                       (调用 01 号刀具及其补偿参数)
M03 S120 M08；                (主轴正转，转速为 120r/min，打开切削液)
G0 X42 Z1；                   (X、Z 轴快速移至 X42 Z1)
Z-15；                        (Z 轴快速移至 Z-15)
#101 = 0；                    (设置变量#101，控制螺纹切削深度初始值)
#102 = -15；                  (设置变量#102，控制螺纹加工的 Z 向起点)
#104 = 0.5；                  (设置变量#104，控制第 1 层螺纹切削深度)
#105 = 0.114；                (设置变量#101，控制 Z 轴再次进给量)
N10 #101 = #101-#104；        (变量#101 依次减去变量#104 的值)
#106 = #101 + 38；            (计算变量#106 的值，控制 X 轴每次加工深度)
G0 X[#106]；                  (X 轴快速移至 X[#106])
Z[#102-#105]；                (Z 轴快速移至 Z[#102-#105])
G32 Z-85 F6；                 (车削螺纹)
```

G0 X[#106+30];　　　　　　　　（X 轴快速移至 X[#106+30]）

Z[#102+#105];　　　　　　　　（X 轴快速移至 Z[#102+#105]）

X[#106];　　　　　　　　　　（X 轴快速移至 X[#106]）

G32 Z-85 F6;　　　　　　　　（车削螺纹）

G0 X[#106+30];　　　　　　　　（X 轴快速移至 X[#106+30]）

Z[#102+#105];　　　　　　　　（X 轴快速移至 Z[#102+#105]）

IF [#101 EQ-6.95] GOTO10;　　（条件判断语句，若变量#101 的值等于-6.95，则跳转到标号为 10 的程序段处执行，否则执行下一程序段）

IF [#101 EQ-7] GOTO50;　　　（条件判断语句，若变量#101 的值等于-7，则跳转到标号为 50 的程序段处执行，否则执行下一程序段）

IF [#101 GT-4] GOTO10;　　　（条件判断语句，若变量#101 的值大于-4，则跳转到标号为 10 的程序段处执行，否则执行下一程序段）

#104＝0.2;　　　　　　　　　（变量#104 重新赋值，控制第 2 层螺纹切削深度）

IF [#101 GT-6.4] GOTO10;　　（条件判断语句，若变量#101 的值大于-6.4，则跳转到标号为 10 的程序段处执行，否则执行下一程序段）

#104＝0.1;　　　　　　　　　（变量#104 重新赋值，控制第 3 层螺纹切削深度）

IF[#101 GT-6.9] GOTO10;　　（条件判断语句，若变量#101 的值大于-6.9，则跳转到标号为 10 的程序段处执行，否则执行下一程序段）

G0 X100;　　　　　　　　　　（X 轴快速移至 X100）

Z100;　　　　　　　　　　　（Z 轴快速移至 Z100）

G28 U0 W0;　　　　　　　　（X、Z 轴返回参考点）

M09;　　　　　　　　　　　（关闭切削液）

M05;　　　　　　　　　　　（关闭主轴）

M00;

T0202;　　　　　　　　　　（调用第 02 号刀具及其补偿参数）

M03 S120 M08;　　　　　　　（主轴正转，转速为 120r/min，打开切削液）

G0 X42 Z1;　　　　　　　　（X、Z 轴快速移至 X42 Z1）

Z-15;　　　　　　　　　　　（Z 轴快速移至 Z-15）

#104＝0.05;　　　　　　　　（变量#104 重新赋值，控制第 4 层螺纹切削深度）

IF [#101 GT-7] GOTO10;　　　（条件判断语句，若变量#101 的值大于-7，则跳转到标号为 10 的程序段处执行，否则执行下一程序段）

N50 G0 X100;　　　　　　　（X 轴快速移至 X100）

Z100;　　　　　　　　　　　（Z 轴快速移至 Z100）

G28 U0 W0;　　　　　　　　（X、Z 轴返回参考点）

M09;　　　　　　　　　　　（关闭切削液）

M05;　　　　　　　　　　　（关闭主轴）

M30;

编程总结：

1）该程序实现了径向分层切削螺纹，是加工梯形螺纹较为典型的编程方法，其中通过变量#104 的重新赋值,可以控制不同的切削深度。

2)其余编程总结请读者参考程序 O7001 编程总结。

7.2 实例 7-2 车削圆弧牙型螺纹宏程序应用

7.2.1 零件图及加工内容

加工零件如图 7-6 所示为圆弧形牙型轮廓的螺纹零件,圆弧半径为 *R*1.5mm,螺距为 5mm,螺纹大径为 ϕ20mm,螺纹长度为 41mm,材料为 45 钢,用宏程序编制车削该圆弧牙型螺纹。

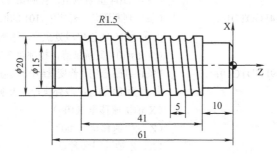

图 7-6 加工零件图

7.2.2 分析零件图

加工和编程之前需要考虑合理选择机床类型、数控系统、装夹方式、切削用量和切削方式(具体参阅 7.1.2 节内容)等,其中:

1)刀具:圆弧螺纹刀(1 号刀粗加工);30°螺纹刀(2 号刀精加工)。

2)编程原点:编程原点及其编程坐标系如图 7-6 所示。

3)加工方法:径向分层车削圆弧牙型螺纹。

4)设置切削用量见表 7-3。

表 7-3 数控车削圆弧牙型螺纹工序卡

工序	主要内容	设备	刀具	切削用量		
				转速/(r/min)	进给量/(mm/r)	背吃刀量/mm
1	粗车削螺纹	数控车床	圆弧螺纹刀	650	5	0.5、0.2、0.1
2	精车削螺纹	数控车床	30°螺纹刀	650	5	0.05

7.2.3　分析加工工艺

该零件是车削圆弧牙型螺纹的应用实例，圆弧采用 30°螺纹刀，需要根据圆解析（参数）方程，采用拟合的方式加工螺纹，其基本思路如下：

设置变量#110 控制螺纹牙型深度，赋初始值 1.5，设置变量#111 控制每次加工螺纹 Z 轴的起始位置，根据圆解析方程，计算变量#110 对应变量#111 之间的内在关系。

车削刀路规划：Z 轴从 X26、Z6 快速移至 X[#100]、Z[#111]→Z 轴车削螺纹→X 轴快速移至 X28→Z 轴快速移至 Z1.5……形成车削外圆梯形螺纹。

7.2.4　选择变量方法

根据选择变量基本原则及本实例具体加工要求，选择变量有以下几种方式：

在车削加工过程中，螺纹加工起始位置由 Z1.5 逐渐减小至 Z-1.5，符合变量设置原则：优先选择加工中"变化量"作为变量，因此选择"螺纹加工起始位置"作为变量。

设置变量#111 控制"螺纹加工起始位置"，赋初始值 1.5。

7.2.5　选择程序算法

车削圆弧牙型螺纹采用宏程序编程时，需要考虑以下问题：一是怎样实现循环车削螺纹；二是怎样控制循环的结束（实现 X 轴变化），下面进行分析：

（1）实现循环车削螺纹　设置变量#111 控制"螺纹加工起始位置"，赋初始值 1.5。通过语句#111 = #111−0.1 控制 Z 轴起始位置；Z 轴车削一次圆弧螺纹后，X 轴快速移至 X28，Z 轴快速移至 Z1.5，由此规划的刀路轨迹如图 7-7 所示。

（2）控制循环结束　循环车削一次圆弧螺纹后，通过条件判断语句，判断加工是否结束。若加工结束，则退出循环；若加工未结束，则 X 轴快速移至 X28，Z 轴快速移至 Z1.5，Z 轴车削圆弧螺纹……如此循环形成整个车削圆弧螺纹。

7.2.6　绘制刀路轨迹

根据加工工艺分析及选择程序算法的分析，绘制多层循环刀路轨迹如图 7-7 所示。

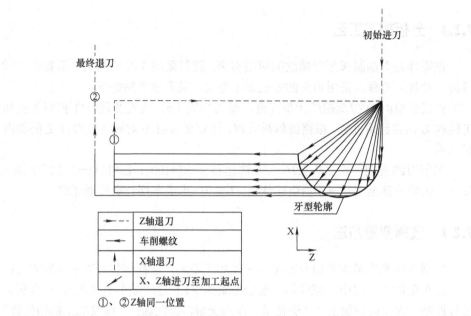

图 7-7　圆弧牙型轮廓加工轨迹示意图

7.2.7　绘制流程图

根据以上算法设计和分析，绘制该螺纹车削程序的流程图如图 7-8 所示。

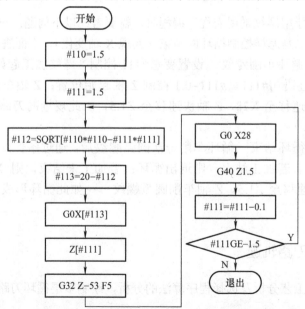

图 7-8　车削圆弧牙型螺纹程序设计流程图

7.2.8　编制程序代码

```
O7008；
N1；
T0101；                        （调用第 1 号刀具及其补偿参数）
M03 S650；                     （主轴正转，转速为 650r/min）
M08；                          （打开切削液）
G0 X26 Z6；                    （X、Z 轴快速移至 X26 Z6）
#100 = 0；                     （设置变量#100，控制螺纹深度初始值）
#101 = 0.5；                   （设置变量#101，控制背吃刀量）
N10 #100 = #100-#101；         （变量#100 依次减小变量#101 的值）
#102 = #100+20；               （变量#102 是指每次进刀后计算出 X 直径）
G42 G0 X20 Z2；                （建立刀具半径右补偿，X、Z 轴快速移至 X20 Z2）
Z-4；                          （Z 轴快速移至 Z-4）
X[#102]；                      （X 轴快速移至 X[#102]）
G32 Z-53 F5；                  （车削螺纹）
G0 X28；                       （X 轴快速移至 X28）
G40 G0 Z-4；                   （取消刀具半径补偿，Z 轴快速移至 Z-4）
IF [#100 GT-3] GOTO10；        （条件判断语句，若变量#100 的值大于-3，则跳转到
                               标号为 10 的程序段处执行，否则执行下一程序段）
#101 = 0.2；                   （变量#101 赋值 0.2）
IF [#100 GT-4.2] GOTO10；      （条件判断语句，若变量#100 的值大于-4.2，则跳转
                               到标号为 10 的程序段处执行，否则执行下一程序段）
#101 = 0.1；                   （变量#101 赋值 0.1）
IF [#100  GT-4.5] GOTO10；     （条件判断语句，若变量#100 的值大于-4.5，则跳转
                               到标号为 10 的程序段处执行，否则执行下一程序段）
#101 = 0.05；                  （变量#101 赋值 0.05）
IF[#100 GE-4.6] GOTO10；       （条件判断语句，若变量#100 的值大于或等于-4.6，则
                               跳转到标号为 10 的程序段处执行，否则执行下一程
                               序段）
G0 X100；                      （X 轴快速移至 X100）
Z100；                         （Z 轴快速移至 Z100）
G28 U0 W0；                    （X、Z 轴返回参考点）
M09；                          （关闭切削液）
M05；                          （关闭主轴）
M01；
N2；
T0202；                        （调用第 2 号刀具及其补偿参数）
```

M03 S650;	（主轴正转，转速为 650r/min）
M08;	（打开切削液）
G0 X28 Z10;	（X、Z 轴快速移至 X28 Z10）
X26;	（带上刀具半径右补偿，X 轴快速移至 X26）
#110 = 1.5;	（设置变量#110，控制螺纹牙型的半径）
#111 = 1.5;	（设置变量#110，控制螺纹加工起始位置 Z）
N20 #112 = SQRT[# 110*#110−#111*#111];	
	（基于圆弧的公式，计算变量#112 的值）
#113 = 20−2*#112;	（计算变量#113 的值）
G42 G0 X[#113] Z10;	（X、Z 轴快速移至 X[#113] Z10）
Z[#111];	（Z 轴快速移至 Z[#111]）
G32 Z-53 F5;	（车削螺纹）
G0 X28;	（X 轴快速移至 X28）
G40 Z20;	（取消刀具半径补偿，Z 轴快速移至 Z20）
#111 = #111−0.1;	（变量#111 依次减去 0.1mm）
IF[#111 GE−1.5] GOTO20;	（条件判断语句，若变量#111 的值大于或等于−1.5，则跳转到标号为 10 的程序段处执行，否则执行下一程序段）
G0 X100;	（X 轴快速移至 X100）
Z100;	（Z 轴快速移至 Z100）
G28 U0 W0;	（X、Z 轴返回参考点）
M09;	（关闭切削液）
M05;	（关闭主轴）
M30;	

编程总结：

1）实例 7-2 是牙槽轮廓型面为圆弧外圆螺纹，粗加工时用圆弧螺纹成型车刀。

2）精加工时采用"拟合法"逼近圆弧螺纹轮廓，为了提高加工精度需要采用刀具半径补偿。

3）车削步距大小设置需要兼顾加工质量和效率，粗加工时为了提高加工效率，步距值可适当增大。

7.3 实例 7-3 车削等槽宽变齿宽变距螺纹宏程序应用

7.3.1 零件图及加工内容

加工零件如图 7-9 所示的等槽宽变齿宽变距螺纹，其螺纹大径为ϕ30mm，小径为ϕ25mm，牙深为 2.5mm，牙型轮廓为矩形，起始螺距为 6mm，起始齿宽为

3mm，终止螺距为 12mm（终止齿宽为 7mm），终止槽宽为 3mm，圈数为 5，理论螺纹长度为 45mm（起始螺距和终止螺距的平均值乘以圈数），实际取有效螺纹长度为 40mm，螺距值变化为均匀地递增，其余尺寸已经加工，材料为铝，试编制车削等槽宽变齿宽变距螺纹的宏程序。

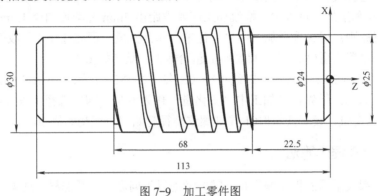

图 7-9　加工零件图

7.3.2　分析零件图

加工和编程之前需要考虑合理选择机床类型、数控系统、装夹方式、切削用量和切削方式（具体参阅 7.1.2 节内容）等，其中：

1）刀具：切槽刀，刀宽为 3mm。

2）编程原点：编程原点及其编程坐标系如图 7-9 所示。

3）加工方法：分层车削等槽宽变齿宽变距螺纹。

4）设置切削用量见表 7-4。

表 7-4　数控车削等槽宽变齿宽变距螺纹工序卡

工序	主要内容	设备	刀具	切削用量		
				转速/（r/min）	进给量/（mm/r）	背吃刀量/mm
1	粗车螺纹	数控车床	切槽刀	500	5、6、7、8、9、10、11、12、13	0.3、0.2、0.1
2	精车螺纹	数控车床	切槽刀	500	5、6、7、8、9、10、11、12、13	0.05

7.3.3　分析加工工艺

该零件是车削等槽宽变齿宽变距螺纹的应用实例，采用槽宽 3mm 切槽刀加工螺纹。由图 7-9 可知，该变距螺纹螺距是均匀递增，可以视为多个等距螺纹的集合，因此采用拟合法加工变距螺纹，其基本思路如下：

刀具从 X34、Z6 快速移至 X[#101] Z−18.5→车削螺距为 4mm 的螺纹→车削螺距为 5mm 的螺纹→车削螺距为 6mm 的螺纹→车削螺距为 7mm 的螺纹……车削螺距为13mm的螺纹，如此循环完成车削一层余量（X轴）的变距螺纹。

7.3.4 选择变量方法

根据选择变量基本原则及本实例具体加工要求，选择变量有以下几种方式：

1）在车削加工过程中，螺纹加工起始螺距由5mm逐渐增加至13mm，符合变量设置原则：优先选择加工中"变化量"作为变量，因此选择"螺纹螺距"作为变量，设置变量#104控制螺纹加工起始螺距，赋初始值5。

2）在车削加工过程中，螺纹小径（X轴）由X30逐渐减小至25mm，符合变量设置原则：优先选择加工中"变化量"作为变量，因此选择"螺纹小径（X轴）"作为变量，设置变量#101控制螺纹小径起始值，赋初始值30。

7.3.5 选择程序算法

车削螺纹采用宏程序编程时，需要考虑以下问题：一是怎样实现循环车削变距螺纹；二是怎样控制循环的结束（实现X轴变化），下面进行分析：

（1）实现循环车削螺纹　设置变量#104控制螺纹加工起始螺距，赋初始值5。通过语句#104 = #104 + 1控制螺距的变化；Z轴完成车削一层变距螺纹后，X轴快速移至X34，Z轴快速移至Z-18.5，形成的刀路轨迹如图7-10所示。

（2）控制循环的结束　车削一层变距螺纹后，通过条件判断语句，判断加工是否结束。若加工结束，则退出循环；若加工未结束，则X轴快速移至X34，Z轴快速移至Z-18.5，车削变距螺纹，如此循环形成车削整个变距螺纹刀路轨迹。

7.3.6 绘制刀路轨迹

根据加工工艺分析及选择程序算法的分析，绘制多层循环刀路轨迹如图7-10所示。

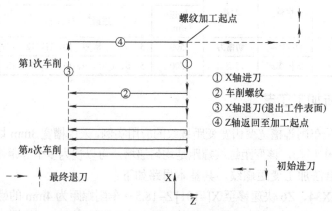

图7-10　车削变距螺纹刀路轨迹示意图

从图 7-10 刀路轨迹示意图看不出车削变距螺纹和普通螺纹刀路轨迹之间的区别，但确实有区别，区别在于：在车削等距螺纹时，由于螺距是恒定的，因此 Z 轴呈螺旋性运动，车削一个螺距（一圈螺纹）Z 轴移动量是相同的；而在车削变距螺纹时，由于螺距是变化的，因此 Z 轴呈螺旋性运动时，车削一个螺距（一圈螺纹）Z 轴移动量是不同的。

7.3.7　绘制流程图

根据以上算法设计和分析，绘制该螺纹加工的程序流程图如图 7-11 所示。

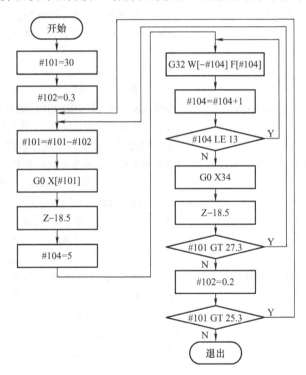

图 7-11　车削变距螺纹程序设计流程图

7.3.8　编制程序代码

O7009；
T0101；　　　　　　　　　　　　（调用第 1 号刀具及其补偿参数）
M03 S500；　　　　　　　　　　　（主轴正转，转速为 500r/min）
M08；　　　　　　　　　　　　　（打开切削液）

G0 X34 Z6；	（X、Z 轴快速移至 X34 Z6）
G64 Z-18.5；	（Z 轴快速移至 Z-18.5）
#101 = 30；	（设置变量#101，控制螺纹小径起始深度）
#102 = 0.3；	（设置变量#102，控制切削深度为 0.3mm）
N30 #101 = #101−#102；	（变量#101 依次减去变量#102 的值）
#104 = 5；	（设置变量#104，控制螺纹起始螺距）
G0 X[#101]；	（X 轴快速移至 X[#101]）
Z-18.5；	（Z 轴快速移至 Z-18.5）
N10 G32 W[−#104] F[#104]；	（车削一层余量（X 轴）螺纹）
#104 = #104 + 1；	（变量#104 依次增加 1mm）
IF [#104 LE 13] GOTO10；	（条件判断语句，若变量#104 的值小于或等于 13，则跳转到标号为 10 的程序段处执行，否则执行下一程序段）
G0 X34；	（X 轴快速移至 X34）
Z-18.5；	（Z 轴快速移至 Z-18.5）
IF [#101 GT 27.3] GOTO30；	（条件判断语句，若变量#101 的值大于 27.3，则跳转到标号为 30 的程序段处执行，否则执行下一程序段）
#102 = 0.2；	（变量#102 重新赋值,控制第 2 层螺纹每刀切削深度）
IF [#101 GT 25.3] GOTO30；	（条件判断语句，若变量#101 的值大于 25.3，则跳转到标号为 30 的程序段处执行,否则执行下一程序段）
#102 = 0.1；	（变量#102 重新赋值,控制第 3 层螺纹每刀切削深度）
IF [#101 GT 25.1] GOTO30；	（条件判断语句，若变量#101 的值大于 25.1，则跳转到标号为 30 的程序段处执行，否则执行下一程序段）
#102 = 0.05；	（变量#102 重新赋值,控制第 4 层螺纹每刀切削深度）
IF [#101 GT 25] GOTO30；	（条件判断语句，若变量#101 的值大于 25，则跳转到标号为 30 的程序段处执行，否则执行下一程序段）
G0 X100；	（X 轴快速移至 X100）
Z100；	（Z 轴快速移至 Z100）
G28 U0 W0；	（X、Z 轴返回参考点）
M09；	（关闭切削液）
M05；	（关闭主轴）
M30；	

编程总结：

1）变量#101 用来控制螺纹起始小径的变化，其初始值为 30；变量#102 用来控制分层切削并保证每层的切削深度的变化；语句#101=#101−#102 的作用是计算出下一次切削螺纹的深度。

2）实例 7-3 螺纹起始螺距为 6mm，终止螺距为 12mm。变量#104 用来控制螺纹起始小径的变化，实际加工时需要考虑螺纹导入、导出量，因此变量#104 赋初始值为 5，结束判断条件为变量 #104 的值小于等于 13，见程序语句：#104 = 5 和 IF [#104 LE 13] GOTO 10。

3）等槽宽等齿宽变距螺纹是变距螺纹中较为常见的一种，掌握它的编程思路和方法可以解决其他类型变距螺纹的编程加工。

7.4　实例 7-4 车削变槽宽变齿宽变距螺纹宏程序应用

7.4.1　零件图及加工内容

加工零件如图 7-12 所示，该零件为变槽宽变齿宽变距螺纹，其中螺纹大径为 ϕ30mm，小径为 ϕ23.5mm，牙深为 2.5mm，牙型为矩形，螺距从右到左逐渐减小，槽宽和齿宽也按相同规律逐渐减小，起始螺距为 10mm，终止螺距为 5mm，起始槽宽为 6mm，终止槽宽为 3mm，螺距、槽顶宽和槽底宽的尺寸大小均匀递减，其余尺寸已经加工，材料为铝合金，编制车削变槽宽变齿宽的变距螺纹宏程序。

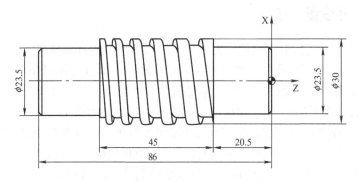

图 7-12　加工零件图

7.4.2　分析零件图

加工和编程之前需要考虑合理选择机床类型、数控系统、装夹方式、切削用量和切削方式（具体参阅 7.1.2 节内容）等，其中：

1）刀具：切槽刀，刀宽为 3mm。

2）编程原点：编程原点及其编程坐标系如图 7-12 所示。

3）加工方法：分层车削变槽宽变齿宽变距螺纹。

4）设置切削用量见表 7-5 所示。

表 7-5　数控车削变槽宽变齿宽变距螺纹工序卡

工序	主要内容	设备	刀具	切削用量		
				转速/（r/min）	进给量/（mm/r）	背吃刀量/mm
1	粗车螺纹	数控车床	切槽刀	550	11、10、9、8、7、6、5、4	0.5、0.2、0.1
2	精车螺纹	数控车床	切槽刀	550	11、10、9、8、7、6、5、4	0.05

7.4.3　分析加工工艺

该零件是车削变槽宽变齿宽变距螺纹应用实例，采用刀宽为 3mm 的切槽刀加工螺纹。由图 7-12 可知，该变距螺纹的螺距是递减的，可以看作是多个恒距螺纹的集合，因此采用拟合的方式加工变距螺纹，其基本思路如下：

刀具从 X23.5 Z1 快速移至 X[#100]、Z[-20.5+11]→车削螺距为 11mm 的螺纹→车削螺距为 10mm 的螺纹→车削螺距为 9mm 的螺纹……车削螺距为 4mm 的螺纹，如此循环完成车削一次变距螺纹。

7.4.4　选择变量方法

根据选择变量基本原则及本实例具体加工要求，选择变量有以下几种方式：

1）在车削加工过程中，螺纹加工起始螺距由 11mm 逐渐减小至 5mm，符合变量设置原则：优先选择加工中"变化量"作为变量，因此选择"螺纹螺距"作为变量。设置变量#102 控制螺纹加工起始螺距，赋初始值 11。

2）在车削加工过程中，螺纹小径（X 轴）由 30mm 逐渐减小至 25mm，符合变量设置原则：优先选择加工中"变化量"作为变量，因此选择"螺纹小径（X轴）"作为变量。设置变量#100 控制螺纹小径起始值，赋初始值 30。

7.4.5　选择程序算法

车削螺纹采用宏程序编程时，需要考虑以下问题：一是怎样实现循环车削变距螺纹；二是怎样控制循环的结束（实现 X 轴变化）。下面进行分析：

（1）实现循环车削螺纹　设置变量#102 控制螺纹加工起始螺距，赋初始值 11。通过语句#102＝#102-1 控制螺距的变化。在 Z 轴车削一次变距螺纹后，X 轴快速移至 X40，Z 轴快速移至 Z[-20.5+11]，形成刀路轨迹如图 7-13 所示。

（2）控制循环结束　车削一次变距螺纹后，通过条件判断语句，判断加工是否结束。若加工结束，则退出循环；若加工未结束，则 X 轴快速移至 X40，

Z 轴快速移至 Z[-20.5+11]，车削变距螺纹……如此形成整个车削变距螺纹刀路循环。

7.4.6　绘制刀路轨迹

根据加工工艺分析及选择程序算法分析，绘制多层循环刀路轨迹如图 7-13 所示。

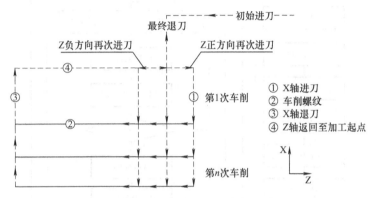

图 7-13　车削变距螺纹刀路轨迹示意图

从图 7-13 刀路轨迹示意图看不出车削变距螺纹和普通螺纹刀路轨迹的区别，但确实有区别：车削恒距螺纹，由于螺距是恒定的，因此当 Z 轴呈螺旋性运动时，车削"一个螺距（一圈螺纹）" Z 轴的移动量是恒定的。

车削变距螺纹，由于螺距是变化的，因此当 Z 轴呈螺旋性运动时，车削"一个螺距（一圈螺纹）" Z 轴的移动量是不同的。

根据变距螺纹槽宽和加工变距螺纹刀宽，计算相应槽宽加工起点相对于上次车削变距螺纹 Z 轴的偏移量。

根据图 7-13 以及加工零件内容的表述，可知该变距螺纹相邻槽宽（从右向左）逐渐减小 0.5mm，相邻螺纹的螺距（从右向左）逐渐减小 1mm，用 3mm 切槽刀进行加工。

下面对 Z 轴偏移进行详细的表述：

第一个螺距螺纹槽宽 5.5mm，根据 Z 轴总的偏移量=槽宽-刀宽，因此第一个螺距 Z 轴总的偏移量=5.5mm-3mm=2.5mm。Z 轴采用左右偏移法进行 2 次切削加工，因此 Z 轴每次偏移量=2.5mm/2=1.25mm。

第二个螺距螺纹槽宽 5mm，因此第二个螺距 Z 轴总的偏移量=5mm-3mm=2mm。Z 轴采用左右偏移法进行 2 次切削加工，因此 Z 轴每次偏移量=2mm/2=1mm。

依次类推……最后一个螺纹的槽宽=刀宽，因此 Z 轴无须进行偏移。

7.4.7 绘制流程图

根据以上算法设计和分析，绘制程序流程图如图 7-14 所示：

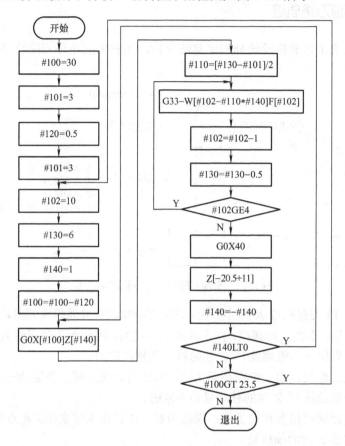

图 7-14 变槽宽变齿宽变距螺纹的程序设计流程图

7.4.8 编制程序代码

程序 1. 变槽宽变齿宽变距螺纹精加工宏程序代码

O7010；
T0101；   （调用第 1 号刀具及其补偿参数）
M03 S550 M08；   （主轴正转，转速为 550r/min，打开切削液）
N1；   （Z 轴无偏移量加工程序代码）
G0 X23.5 Z1；   （X、Z 轴快速移至 X23.5Z1）
Z-[20.5+11]；   （Z 轴快速移至 Z-[20.5+11] ）

G32 W−11 F11；　　　　　　　　　（车削螺距 11mm 螺纹）

W−10 F10；　　　　　　　　　　　（车削螺距 10mm 螺纹）

W−9 F9；　　　　　　　　　　　　（车削螺距 9mm 螺纹）

W−8 F8；　　　　　　　　　　　　（车削螺距 8mm 螺纹）

W−7 F7；　　　　　　　　　　　　（车削螺距 7mm 螺纹）

W−6 F6；　　　　　　　　　　　　（车削螺距 6mm 螺纹）

W−5 F5；　　　　　　　　　　　　（车削螺距 5mm 螺纹）

W−4 F4；　　　　　　　　　　　　（车削螺距 4mm 螺纹）

G0 X40；　　　　　　　　　　　　（X 轴快速移至 X40）

N2；　　　　　　　　　　　　　　（Z 轴正向进给偏移量加工程序代码）

Z−[20.5+11+1]；　　　　　　　　（Z 轴快速移至 Z−[20.5+11+1]）

G0 X23.5；　　　　　　　　　　　（X 轴快速移至 X23.5）

G32 W−[7−1.5]F11；　　　　　　　（车削螺距 11mm 螺纹）

W−[10−1.25] F10；　　　　　　　　（车削螺距 10mm 螺纹）

W−[9−1.] F9；　　　　　　　　　　（车削螺距 9mm 螺纹）

W−[8−0.75] F8；　　　　　　　　　（车削螺距 8mm 螺纹）

W−[7−0.5] F7；　　　　　　　　　（车削螺距 7mm 螺纹）

W−[6−0.25] F6；　　　　　　　　　（车削螺距 6mm 螺纹）

W−[5] F5；　　　　　　　　　　　（车削螺距 5mm 螺纹）

W−[4] F4；　　　　　　　　　　　（车削螺距 4mm 螺纹）

G0 X40；　　　　　　　　　　　　（X 轴快速移至 X40）

N3；　　　　　　　　　　　　　　（Z 轴负方向进给偏移量加工程序代码）

Z−[20.5+11−1]；　　　　　　　　（Z 轴快速移至 Z−[20.5+11−1]）

X23.5；　　　　　　　　　　　　（X 轴快速移至 X23.5）

G32 W−[11+1.5] F11；　　　　　　（车削螺距 11mm 螺纹）

W−[10+1.25] F10；　　　　　　　　（车削螺距 10mm 螺纹）

W−[9+1.] F9；　　　　　　　　　　（车削螺距 9mm 螺纹）

W−[8+0.75] F8；　　　　　　　　　（车削螺距 8mm 螺纹）

W−[7+0.5] F7；　　　　　　　　　（车削螺距 7mm 螺纹）

W−[6+0.25] F6；　　　　　　　　　（车削螺距 6mm 螺纹）

W−[5] F5；　　　　　　　　　　　（车削螺距 5mm 螺纹）

W−[4] F4；　　　　　　　　　　　（车削螺距 4mm 螺纹）

G0 X40；　　　　　　　　　　　　（X 轴快速移至 X40）

Z−[20.5+11−1]；　　　　　　　　（Z 轴快速移至 Z−[20.5+11−1]）

G0 X100；　　　　　　　　　　　（X 轴快速移至 X100）

Z100；　　　　　　　　　　　　　（Z 轴快速移至 Z100）

G28 U0 W0；

M05；

M09；

M30；

程序2. 分层加工变槽宽变齿宽变距螺纹宏程序代码

O7011；	
T0101；	（调用第1号刀具及其补偿参数）
M03 S550 M08；	（主轴正转，转速为550r/min，打开切削液）
G0 X40；	（X轴快速移至X40）
Z1；	（Z轴快速移至Z1）
#100 = 30；	（设置变量#100，控制螺纹小径）
#101 = 3；	（设置变量#101，控制加工刀具刀宽）
#120 = 0.5；	（设置变量#120，控制每层X轴背吃刀量）
N30 Z[−20.5+11]；	（Z轴快速移至Z[−20.5+11]）
#100 = #100−#120；	（变量#100依次减小0.5mm）
#150 = 0；	（设置变量#150，标志变量）
N20 #102 = 11；	（设置变量#102，控制螺纹的螺距）
#130 = 6；	（设置变量#130，控制螺距对应槽宽）
#140 = 1；	（设置变量#140，控制加工次数）
G0 X[#100]；	（X轴快速移至X[#100]）
N10 #110 = [#130−#101]/2；	（计算变量#110的值，控制Z轴偏移量）
G32 X[#100] W−[#102−#110*#140] F[#102]；	（车削螺纹）
#102 = #102−1；	（变量#102依次减小1mm）
#130 = #130−0.5；	（变量#130依次减小0.5mm）
IF [#102 GE 4] GOTO10；	（条件判断语句，若变量#102的值大于或等于4，则跳转到标号为10的程序段处执行，否则执行下一程序段）
G0 X40；	（X轴快速移至X40）
Z[−20.5+11]；	（Z轴快速移至Z[−20.5+11]）
#140 = −#140；	（变量#140重新赋值）
#150 = #150+1；	（变量#150依次增加1mm）
IF [#150 GT 1.5] GOTO40；	（条件判断语句，若变量#150的值大于或等于1.5，则跳转到标号为40的程序段处执行，否则执行下一程序段）
GOTO 20；	（无条件跳转语句）
N40IF [#100 GT 27.5] GOTO30；	（条件判断语句，若变量#100的值大于或等于27.5，则跳转到标号为30的程序段处执行，否则执行下一程序段）
#120 = 0.2；	（变量#120重新赋值）
IF [#100 GT 25.5] GOTO30；	（条件判断语句，若变量#100的值大于或等于25.5，则跳转到标号为30的程序段处执行，否则执行下一程序段）
#120 = 0.1；	（变量#120重新赋值）

IF [#100 GT 23.5] GOTO30；　　　（条件判断语句，若变量#100 的值大于或等于 23.5，
　　　　　　　　　　　　　　　　　则跳转到标号为 30 的程序段处执行，否则执行下一
　　　　　　　　　　　　　　　　　程序段）
G0 X100；　　　　　　　　　　　（X 轴快速移至 X100）
Z100；　　　　　　　　　　　　　（Z 轴快速移至 Z100）
G28 U0 W0；
M05；
M09；
M30；
编程总结：

1）程序 O7011 将螺纹牙深的切削量通过宏程序量的控制进行分层切削，每层的背吃刀量有规律变化，同时通过 Z 轴偏移法来车削变距螺纹，可以确保每次切削完一层牙面再切削下一层牙面。

2）实例 7-4 起始螺距名义上为 10mm，而设置变量#102 = 11 就是螺距初始值加上 1mm 的螺距递减量，变量对应的进刀点设置很重要；而语句 #102 = #102−1 用来控制螺距逐渐递减的变化。

7.5　实例 7-5 车削圆弧面螺纹宏程序应用

7.5.1　零件图及加工内容

加工零件如图 7-15 所示，该零件为车削圆弧面上的外螺纹，在 R40mm 圆弧面上螺距为 8mm，截面形状为 R2mm 凹圆弧牙型轮廓的螺纹，其余尺寸已经加工，材料为铝合金，编制车削圆弧面螺纹宏程序。

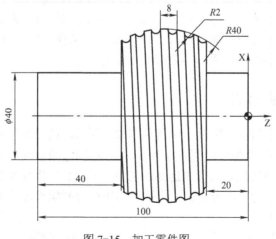

图 7-15　加工零件图

7.5.2　分析零件图

加工和编程之前需要考虑合理选择机床类型、数控系统、装夹方式、切削用量和切削方式（具体参阅 7.1.2 节内容）等，其中：

1）刀具：$R2mm$ 圆弧螺纹刀（成型刀）。

2）编程原点：编程原点及其编程坐标系如图 7-15 所示。

3）加工方法：分层车削圆弧面螺纹。

4）设置切削用量见表 7-6。

表 7-6　数控车削圆弧面车削螺纹工序卡

工序	主要内容	设备	刀具	切削用量		
				转速/（r/min）	进给量/（mm/r）	背吃刀量/mm
1	车削螺纹	数控车床	$R2mm$ 圆弧螺纹刀	550	8	0.2

7.5.3　分析加工工艺

该零件是车削圆弧面螺纹应用实例，采用 $R2mm$ 圆弧螺纹刀（成型刀）加工螺纹。由图 7-15 可知，在圆弧面车削圆弧螺纹，可以看作是多个起点不同、终点不同、螺距为 8mm 螺纹的集合，且上一段螺纹终点就是相邻下一段螺纹起点，因此采用拟合的方式加工圆弧面螺纹，其基本思路如下：

刀具从 X76、Z-12 快速移至 X1、Z1（螺纹加工起始位置）→车削 X 轴起点 X_1、Z 轴起点 Z_1（第 1 段螺纹加工起始位置），X 轴终点 X_2、Z 轴终点 Z_2（第 1 段螺纹加工终止位置），螺距为 8mm 的螺纹→车削 X 轴起点 X_2、Z 轴起点 Z_2（第 2 段螺纹加工起始位置），X 轴终点 X_3、Z 轴终点 Z_3（第 2 段螺纹加工终止位置），螺距为 8mm 的螺纹……车削 X 轴起点 X_{n-1}、Z 轴起点 Z_{n-1}（第 n 段螺纹加工起始位置），X 轴终点 X_n、Z 轴终点 Z_n（第 n 段螺纹加工终止位置），螺距为 8mm 的螺纹……如此循环完成车削一次圆弧面螺纹（其中 X、Z 坐标值满足圆解析（参数）方程 $X^2+Z^2=R^2$ 关系式）。

7.5.4　选择变量方法

根据选择变量基本原则及本实例具体加工要求，选择变量有以下几种方式：

1）在车削圆弧面螺纹过程中，螺纹加工 Z 轴起始位置由 Z-12 逐渐减小至 Z-68，符合变量设置原则：优先选择加工中"变化量"作为变量，因此选择"螺纹加工 Z 轴起始位置"作为变量。设置变量#100 控制螺纹加工 Z 轴起始位置，赋初始值24。

2）在粗车圆弧面螺纹过程中，螺纹小径由 X40 逐渐减小至 X38，符合变量设置原则：优先选择加工中"变化量"作为变量，因此选择"圆弧面半径（螺纹小径）"作为变量。设置变量#110 控制螺纹小径，赋初始值 40。

7.5.5　选择程序算法

车削圆弧面螺纹采用宏程序编程时，需要考虑以下问题：一是怎样实现循环车削圆弧面螺纹；二是怎样控制循环的结束（实现 X 轴变化）。下面进行分析：

（1）实现循环车削螺纹　设置变量#100 控制螺纹加工 Z 轴起始位置，赋初始值 24。通过语句#100 = #100–0.1 控制 Z 轴起始位置。车削一次圆弧面螺纹后，X轴快速移至 X90，Z 轴快速移动 Z-12，刀路轨迹图如图 7-16 所示。

（2）控制循环结束　车削一次圆弧面螺纹循环后，通过条件判断语句，判断加工是否结束。若加工结束，则退出循环；若加工未结束，则 X 轴快速移至 X90，Z轴快速移动 Z-12，车削圆弧面螺纹……如此形成整个车削圆弧面螺纹的刀路循环。

7.5.6　绘制刀路轨迹

根据加工工艺分析及选择程序算法分析，绘制多层循环刀路轨迹如图 7-16 所示。

从图 7-16 中刀路轨迹示意图可知：数控车床加工圆弧面螺纹过程中，X、Z轴必须同时满足以下运动规律：

1）X、Z 轴两轴必须呈螺旋线性运动且满足螺距 8mm。

2）X、Z 轴两轴运动必须满足圆的解析（参数）方程规律。

上述两点必须同时满足且必须采用"拟合法"车削圆弧面螺纹。

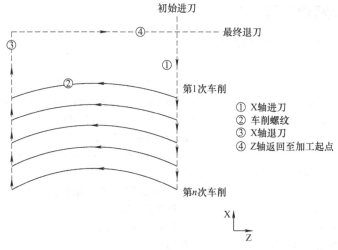

图 7-16　车削圆弧面螺纹刀路轨迹示意图

7.5.7　绘制流程图

根据以上算法设计和分析，绘制程序流程图如图 7-17 所示。

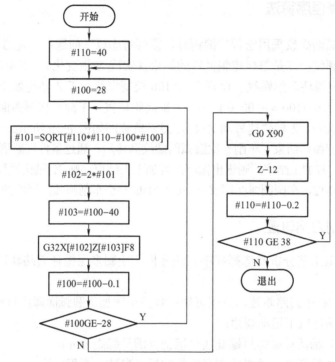

图 7-17　车削圆弧面螺纹程序设计流程图

7.5.8　编制程序代码

程序 1. 精加工宏程序代码

O7012；	
T0101；	（调用第 1 号刀具及其补偿参数）
M03 S550 M08；	（主轴正转，转速为 550r/min，打开切削液）
G0 X76 Z1；	（X、Z 轴快速移至 X76 Z1）
Z-12；	（Z 轴快速移至 Z-12）
#100 = 28；	（设置变量#100，控制螺纹加工 Z 轴起始位置）
N10 #101 = SQRT[38*38-#100*#100]；	
	（根据圆的解析方程计算变量#101 的值）
#102 = 2*#101；	（计算变量#102 的值）
#103 = #100-40；	（计算变量#103 的值）
G32 X[#102] Z[#103] F8；	（车削螺纹）

#100 = #100−0.1;	（变量#100 依次减小 0.1mm）
IF [#100 GE−28] GOTO10;	（条件判断语句，若变量#100 的值大于或等于−28，则跳转到标号为 10 的程序段处执行，否则执行下一程序段）
G0 X100;	（X 轴快速移至 X100）
Z100;	（Z 轴快速移至 Z100）
G28 U0 W0;	（X、Z 轴返回参考点）
M05;	
M09;	
M30;	

编程总结：

1）程序 O7012 是精加工圆弧面螺纹宏程序代码。常见数控系统未提供车削圆弧面螺纹指令，程序 O7012 将圆弧面螺纹分割成无数个外圆螺纹，采用"拟合法"无限逼近圆弧面螺纹。

2）实际加工中需要考虑螺纹导入和导出量，因此变量#100 赋初始值 28，采用条件结束语句 IF[#100 GE−28]GOTO10。

3）程序 O7012 采用"拟合法"加工螺纹，在逻辑上没有问题，但是在实际加工中对数控系统配置的要求较高，在一些数控系统如：广州数控和凯恩帝系统上，运行时由于系统内部计算的滞后性可能会导致加工错误。

解决办法：可以采用先计算变量后引用该变量的方式，根据加工精度的要求合理确定加工步距。例如加工步距为 1° 的螺纹，关键程序代码如下：

```
#101=R*COS [1];
#102=R*SIN [1];
#103=R*COS [2];
#104=R*SIN [2];
#105=R*COS [3];
#106=R*SIN [3];
……;
#179=R*COS [90];
#180=R*SIN [90];
G32X [#102]Z [#101−D];
G32X [#104]Z [#103−D];
G32X [#106]Z [#105−D];
……;
G32X[#180]Z[#179−D];
```

其中 R 为圆弧半径，D 为偏移量。

程序 2. 分层加工圆弧面螺纹宏程序代码

O7013;	
T0101;	（调用第 1 号刀具及其补偿参数）

```
M03 S550 M08;                          （主轴正转，转速为550r/min，打开切削液）
G0 X90 Z1;                             （X、Z轴快速移至X90 Z1）
Z-12;                                  （Z轴快速移至Z-12）
#110 = 40;                             （设置变量#110，控制螺纹小径）
N20 #100 = 28;                         （设置变量#100，控制螺纹加工Z轴起始位置）
N10 #101 = SQRT[#110*#110-#100*#100];
                                       （根据圆的解析方程计算变量#101的值）
#102 = 2*#101;                         （计算变量#102的值）
#103 = #100-40;                        （计算变量#103的值）
G32 X[#102] Z[#103] F8;                （车削螺纹）
#100 = #100-0.1;                       （变量#100依次减小0.1mm）
IF [#100 GE-28] GOTO10;                （条件判断语句，若变量#100的值大于或等于-28，则
                                        跳转到标号为10的程序段处执行，否则执行下一程
                                        序段）
G0 X90;                                （X、Z轴快速移至X90）
Z-16;                                  （Z轴快速移至Z-16）
#110 = #110-0.2;                       （变量#110依次减小0.2mm）
IF [#110 GE 38] GOTO20;                （条件判断语句，若变量#110的值大于或等于38，则
                                        跳转到标号为20的程序段处执行，否则执行下一程
                                        序段）
G0 X100;                               （X轴快速移至X100）
Z100;                                  （Z轴快速移至Z100）
G28 U0 W0;                             （X、Z轴返回参考点）
M05;
M09;
M30;
```

编程总结

1）程序O7013是分层加工圆弧面螺纹宏程序代码。程序O7013在O7012的基础上设置变量#110控制螺纹小径。

2）分层车削圆弧面螺纹采用同心圆的方式，计算Z轴对应X轴的值，详见程序中语句#101 = SQRT[#110*#110-#100*#100]。

3）其余编程总结请读者参见程序O7012编程总结部分所述，在此为了节省篇幅不再赘述。

7.6 实例7-6 车削椭圆弧面螺纹宏程序应用

7.6.1 零件图及加工内容

加工零件如图7-18所示，该零件为车削椭圆弧面上的圆弧牙型螺纹，椭圆

弧面上加工螺距为 8mm，牙型轮廓的截面形状为 R2mm 凹圆弧，其余尺寸已经加工，材料为铝合金，编制车削椭圆弧面螺纹宏程序。

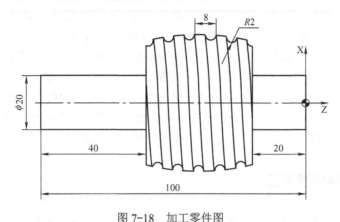

图 7-18　加工零件图

注：椭圆的长半轴为 50mm、短半轴为 25mm。

7.6.2　分析零件图

加工和编程之前需要考虑合理选择机床类型、数控系统、装夹方式、切削用量和切削方式等（具体参阅 7.1.2 节内容）。

1）刀具：R2mm 圆弧螺纹刀（成型刀）。

2）编程原点：编程原点及其编程坐标系如图 7-18 所示。

3）加工方法：径向分层车削椭圆弧面螺纹。

4）设置切削用量见表 7-7。

表 7-7　数控车削椭圆弧面车削螺纹工序卡

工序	主要内容	设备	刀具	切削用量		
				转速/（r/min）	进给量/（mm/r）	背吃刀量/mm
1	车削螺纹	数控车床	R2mm 圆弧螺纹刀	550	8	0.2

7.6.3　分析加工工艺

该零件是车削椭圆弧面螺纹应用实例，采用 R2mm 圆弧螺纹刀（成型刀）加工螺纹。由图 7-18 可知，在椭圆弧面车削圆弧牙型的螺纹，视为多个（或多层）起点不同、终点不同的外圆螺距为 8mm 的螺纹轨迹的集合，只不过各个螺纹轨迹沿着某个椭圆弧线进行螺旋扫掠而成，因此采用"拟合法"加工椭圆弧面螺纹，其基本思路如下：

刀具从 X76、Z1 快速移至 X1、Z1（螺纹加工起始位置）→车削 X 轴起点 X_1、Z 轴起点 Z_1（第 1 段螺纹加工起始位置），X 轴终点 X_2、Z 轴终点 Z_2（第 1 段螺纹加工终止位置），螺距为 8mm 的螺纹→车削 X 轴起点 X_2、Z 轴起点 Z_2（第 2 段螺纹加工起始位置），X 轴终点 X_3、Z 轴终点 Z_3（第 2 段螺纹加工终止位置），螺距为 8mm 的螺纹……车削 X 轴起点 X_{n-1}、Z 轴起点 Z_{n-1}（第 n 段螺纹加工起始位置），X 轴终点 X_n、Z 轴终点 Z_n（第 n 段螺纹加工终止位置），螺距为 8mm 的螺纹……，如此循环完成车削一次椭圆弧面螺纹（其中 X、Z 坐标值满足椭圆解析（参数）方程 $X^2/50^2 + Z^2/25^2 = 1$ 关系式）。

7.6.4 选择变量方法

根据选择变量基本原则及本实例具体加工要求，选择变量的方式为：在车削椭圆弧面螺纹过程中，螺纹加工 Z 轴起始位置由 Z−12 逐渐减小至 Z−68，符合变量设置原则：优先选择加工中"变化量"作为变量，因此选择"螺纹加工 Z 轴起始位置"作为变量。设置变量#100 控制螺纹加工 Z 轴起始位置，赋初始值 28。

7.6.5 选择程序算法

车削椭圆弧面螺纹采用宏程序编程时，需要考虑以下问题：①怎样实现循环车削椭圆弧面螺纹；②怎样控制循环的结束（实现 X 轴变化）。下面进行分析。

（1）实现循环车削椭圆弧面螺纹 设置变量#100 控制螺纹加工 Z 轴起始位置，赋初始值 28。通过语句#100 = #100 − 0.1 控制车削螺纹 Z 轴位置。车削 1 次椭圆弧面螺纹后，X 轴快速移至 X90，Z 轴快速移动 Z−12，刀路轨迹图如图 7−19 所示。

（2）控制循环结束 车削 1 次椭圆弧面螺纹循环后，通过条件判断语句，判断加工是否结束。若加工结束，则退出循环；若加工未结束，则 X 轴快速移至 X90，Z 轴快速移动 Z−12，再次车削变距螺纹……如此形成整个车削椭圆弧面螺纹的刀路循环。

7.6.6 绘制刀路轨迹

根据加工工艺分析及选择程序算法分析，绘制多层循环刀路轨迹如图 7−19 所示。

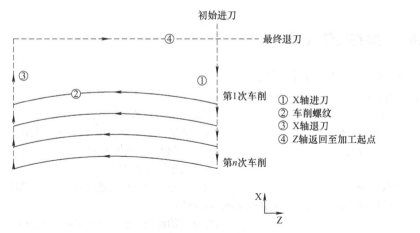

图 7-19　车削椭圆弧面螺纹刀路轨迹示意图

7.6.7　绘制流程图

根据以上算法设计和分析,绘制程序流程图如图 7-20 所示。

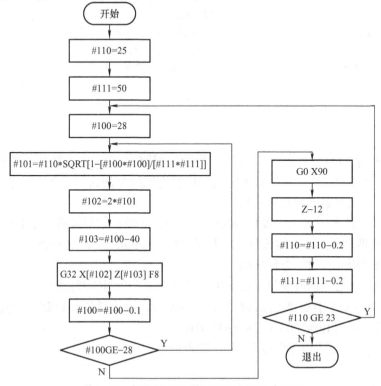

图 7-20　车削椭圆弧面螺纹程序设计流程图

7.6.8 编制程序代码

程序1. 精加工宏程序代码

O7014;

T0101;　　　　　　　　　　（调用第1号刀具及其补偿参数）

M03 S550 M08;　　　　　　（主轴正转，转速为550r/min，打开切削液）

G0 X76 Z1;　　　　　　　　（X、Z轴快速移至X76 Z1）

Z-12;　　　　　　　　　　（Z轴快速移至Z-12）

#100 = 28;　　　　　　　　（设置变量#100，控制螺纹加工Z轴起始位置）

N10 #101 =23* SQRT[1-[#100*#100]/[48*48]];

　　　　　　　　　　　　　（根据圆的解析方程计算变量#101的值）

#102 = 2*#101;　　　　　　（计算变量#102的值）

#103 = #100-40;　　　　　　（计算变量#103的值）

G32 X[#102] Z[#103] F8;　　（车削螺纹）

#100 = #100-0.1;　　　　　　（变量#100依次减小0.1mm）

IF [#100 GE-28] GOTO10;　　（条件判断语句，若变量#100的值大于或等于-28，则跳转到标号为10的程序段处执行，否则执行下一程序段）

G0 X100;　　　　　　　　　（X轴快速移至X100）

Z100;　　　　　　　　　　（Z轴快速移至Z100）

G28 U0 W0;　　　　　　　（X、Z轴返回参考点）

M05;

M09;

M30;

编程总结：

1）程序O7014是精加工椭圆弧面螺纹宏程序代码。常见数控系统能提供车削椭圆弧面螺纹指令，程序O7014将椭圆弧面螺纹分割成无数个外圆螺纹，采用"拟合法"无限逼近椭圆弧面螺纹。

2）在数控车床加工圆弧面螺纹过程中，X、Z轴必须同时满足以下运动规律：①X、Z轴两轴必须呈螺旋线性运动且满足螺距8mm；②X、Z轴两轴运动必须满足椭圆的解析（参数）方程规律。

上述两点必须同时满足且必须采用"拟合法"车削椭圆弧面螺纹。

3）实际加工中需要考虑螺纹导入、导出量，因此变量#100赋初始值28，采用条件结束语句IF[#100 GE-28] GOTO10。

程序2. 分层加工椭圆弧面螺纹宏程序代码

O7015;

T0101;　　　　　　　　　　（调用第1号刀具及其补偿参数）

M03 S550 M08;	（主轴正转，转速为 550r/min，打开切削液）
G0 X90 Z1;	（X、Z 轴快速移至 X90 Z1）
Z−12;	（Z 轴快速移至 Z−12）
#110 = 25;	（设置变量#110，控制椭圆弧面短半轴 X）
#111 = 50;	（设置变量#111，控制椭圆弧面长半轴 Z）
N20 #100 = 28;	（设置变量#100，控制螺纹加工 Z 轴起始位置）
N10 #101 = #110* SQRT[1−[#100*#100] /[#111*#111]];	
	（根据圆的解析方程计算变量#101 的值）
#102 = 2*#101;	（计算变量#102 的值）
#103 = #100−40;	（计算变量#103 的值）
G32 X[#102] Z[#103] F8;	（车削螺纹）
#100 = #100−0.1;	（变量#100 依次减小 0.1mm）
IF [#100 GE−28] GOTO 10;	（条件判断语句，若变量#100 的值大于或等于−28，则跳转到标号为 10 的程序段处执行，否则执行下一程序段）
G0 X90;	（X、Z 轴快速移至 X90）
Z−12;	（Z 轴快速移至 Z−12）
#110 = #110−0.2;	（变量#110 依次减小 0.2mm）
#111 = #111−0.2;	（变量#111 依次减小 0.2mm）
IF [#110 GE 23] GOTO 20;	（条件判断语句，若变量#110 的值大于或等于 23，则跳转到标号为 20 的程序段处执行，否则执行下一程序段）
G0 X100;	（X 轴快速移至 X100）
Z100;	（Z 轴快速移至 Z100）
G28 U0 W0;	（X、Z 轴返回参考点）
M05;	
M09;	
M30;	

编程总结：

1）程序 O7015 是分层车削椭圆弧面螺纹宏程序代码。程序 O7015 在 O7014 的基础上设置变量#110 控制螺纹小径。

2）分层车削椭圆弧面螺纹采用同心椭圆的方式，计算 Z 轴对应 X 轴的值，详见程序中语句#101 = #110* SQRT[1− [#100*#100] /[#111*#111]]。

3）其余编程总结请读者参见程序 O7014 编程总结部分所述，在此为了节省篇幅不再赘述。

7.7 本章小结

1）外圆梯形螺纹、圆弧牙型螺纹、变距螺纹、圆弧面螺纹、椭圆弧面螺纹等零件设计精度高、程序编制难度也大，在数控加工编制工序时需要根据其尺寸参数要求，合理选用刀具和确定切削用量，编制程序时要考虑保证合理递减切削深度、螺纹牙侧粗、精加工分开等加工原则，改善切削状况；如果加工的螺纹其尺寸参数变化较多时，尽量编制通用性更好、变量替换方便的宏程序。

2）在利用螺纹切削指令"G32""G92"和"G76"的基础上，借助宏程序定义变量的方便性和控制走刀路径的灵活性，本章所述的高级螺纹车削加工和编程方法，可以满足螺纹牙形、螺纹参数和零件尺寸变化多的加工场合。

参 考 文 献

[1] 胡育辉，赵宏立，张宇. 数控宏编程手册[M]. 北京：化学工业出版社，2010.

[2] 冯志刚. 数控宏程序编程方法、技巧与实例[M]. 北京：机械工业出版社，2007.

[3] 李锋. 数控宏程序实例教程[M]. 北京：化学工业出版社，2010.

[4] 陈海舟. 数控铣削加工宏程序及其应用实例[M]. 北京：机械工业出版社，2006.

[5] Peter Smid. FANUC 数控系统用户宏程序与编程技巧[M]. 罗学科，等译. 北京：化学工业出版社，2007.

[6] 孙德茂. 数控机床车削加工直接编程技术[M]. 北京：机械工业出版社，2005.

[7] 张立新，何玉忠，等. 数控加工进阶教程[M]. 西安：西安电子科技大学出版社，2008.

[8] 于万成. 数控加工工艺与编程基础[M]. 北京：人民邮电出版社，2006.

[9] 顾雪艳，等. 数控加工编程操作技巧与禁忌[M]. 北京：机械工业出版社，2008.

[10] 黄冬英. 车削倾斜椭圆的宏程序[J]. 机械工程师，2009（11）：121-122.

[11] 李延淳. 宏程序在数控车中的应用[J]. 模具制造，2008（7）：63-65.

[12] 陈颖，韩加好. 基于宏指令的梯形螺纹通用数控加工程序编制[J]. 工具技术，2008，42（9）：69-71.

[13] 赵宏立. 非圆二次曲线数控宏程序的编制与应用[J]. 机械，2010（8）：62-65.

[14] 陈光伟. 关于宏程序循环语句的应用研究[J]. 装备制造技术，2010（5）：100-102.

[15] 张钧. 宏程序加工蜗杆的应用与研究[J]. 机械工程师，2010（7）：82-83.

[16] 杨煦. 宏程序拓展螺纹加工的研究[J]. 机械研究与应用，2009（6）：68-70.

[17] 王茜菊，黄振沛. 数控车削正弦曲线宏程序两种编程方法[J]. CAD/CAM 与制造业信息化，2010（6）：86-87.

[18] 黄文海. 子程序与宏程序在数控车削中的综合运用[J]. CAD/CAM 与制造业信息化，2010（8）：70-71.

[19] 朱龙飞. 应用宏程序数控车削变螺距螺纹[J]. 林业机械与木工设备，2010（1）：48-49.

[20] 穆瑞. 应用宏程序高速车削梯形螺纹[J]. 机床与液压，2009（12）：248-249.

[21] 沈春根，汪健，刘义. FANUC 数控宏程序编程案例手册[M]. 北京：机械工业出版社，2017.